80/20 改变的你人生

[英] 理查德·科克（Richard Koch）著

刘阿钢 史芡 译

最佳效能原则：付出最少，成功最多

LIVING THE 80/20 WAY

中国社会科学出版社

图字：01-2005-0238

图书在版编目（CIP）数据

改变你人生的80/20/[英]科克著；刘阿钢，史芡译.—北京：中国社会科学出版社，2013.5
ISBN 978-7-5004-9573-4

Ⅰ.改… Ⅱ.①科…②刘…③史… Ⅲ.成功心理—通俗读物 Ⅳ.B848.4-49

中国版本图书馆CIP数据核字（2011）第040866号

Copyright c Richard Koch 2004
This edition of *Living the 80/20 Way: Work Less, Worry Less, Succeed More, Enjoy More* first published by Nicholas Brealey Publishing.
This translation is published by arrangement with Nicholas Brealey Publishing and Andrew Nurnberg Associates International Limited.

中国社会科学出版社享有本书中国大陆地区简体版专有权，该权利受法律保护。

责任编辑	王　斌
责任校对	石春梅
封面设计	久品轩工作室
技术编辑	王炳图　王　超

出版发行	中国社会科学出版社			
社　　址	北京鼓楼西大街甲158号	邮　编	100720	
电　　话	010—64036155			
网　　址	http://www.csspw.cn			
经　　销	新华书店			
印　　装	三河市君旺印装厂			
版　　次	2013年5月第1版	印　次	2013年5月第1次印刷	
开　　本	710×1000 1/16			
印　　张	12			
字　　数	164千字			
定　　价	29.00元			

凡购买中国社会科学出版社图书，如有质量问题请与本社发行部联系调换
版权所有　侵权必究

80/20法则，可以让 任何人 无须特别努力

即可获得非凡成果

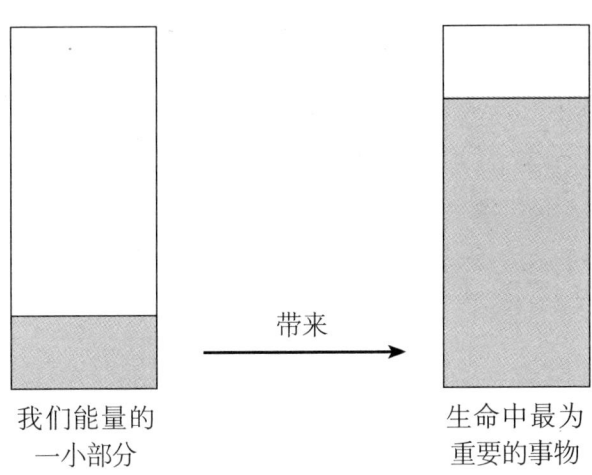

我们能量的一小部分 带来 生命中最为重要的事物

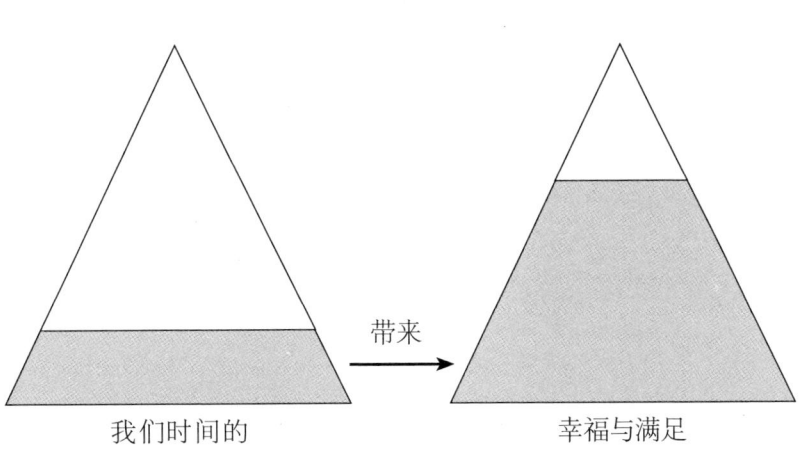

我们时间的一小部分 带来 幸福与满足

目录

前 言 / 1

第一部分 简 介

1 伟大的想法 / 3
非凡的成就,不一定需要非凡的努力。
——美国传奇人物 沃伦·巴菲特

2 事半功倍 / 14
只要花费去地狱一半的辛劳,很多人就能够上天堂了。
——英国剧作家 本·琼森

3 我们拥有世上全部时间 / 26
时间是一位和善的神主。
——古希腊剧作家 索福克勒斯

第二部分　生存与生活

4　聚焦于你最重要的20% / 43

相对于年轻时代，我现在更有能量，因为我清楚地知道自己想要什么。

——美国芭蕾舞大师　乔治·巴兰钦

5　享受工作与成功 / 66

辛勤工作的确从未致人于死，但是我很奇怪，为什么还是有人愿意尝试呢？

——美国前总统　罗纳德·里根

6　揭开金钱的神秘面纱 / 84

世界上最强大的力量是什么？是复利！

——世界科学巨匠　阿尔伯特·爱因斯坦

7　80/20交际法则 / 102

每个人都扼杀自己所爱。在现代世界的俗世洪流中，金钱与工作，都占有所爱之位，而人，却退居其后。

——英国剧作家　奥斯卡·王尔德

8 简单而快乐的生活 / 126

简化的能力,就是消除无需之物,以便让必需之物浮出水面的能力。

——美国艺术家 汉斯·霍夫曼

第三部分 梦想成真

9 积极行动的力量 / 145

如果动手实干,与认清宜做之事一样容易,那么私人祈祷处便如同教堂,穷人的小屋可比王子的宫殿了。

——英国剧作家 威廉·莎士比亚

10 你的80/20快乐计划 / 151

尽管去做(Just Do It)。

——耐克公司广告语

道 别 / 170
致 谢 / 175

INTRODUCTION 前 言

如果你知道，付出比平常较少的努力和代价，却可以常沐生命赐予我们的幸福之光，你是否会心动呢？

如果每周只工作两天，但是却能比满负荷运转取得更好的成果，赚到更多的钱，你是否会心动呢？

如果有那么一种方法，只要遵从它，就可以找到解决问题的简便之道，而且这个方法总是奏效，你是否会心动呢？

如果这种方法不仅适用于生存、赚钱和寻求成功，甚至还适用于生活中更多的重要领域——你所爱和关心的人，你的幸福与满足——你是否会心动呢？

当然，你肯定会。80/20法则，可以改变你的生活，只要你遵从它。

80/20法则会真正改变我们看待世界的视角，会真正改变我们的处世之道，同时，遵从这个法则，却如同始终抱有希望一样简单、轻松。

或许你觉得，怎么会？其实，如果你真正了解了这个世界的组织方式——可能这种方式与我们意识中的大相径庭——那么，我们就可以更好地适应这种方式，而且以更少的能量耗费得到更多的意欲之物。做得更少，却能够享受更多、收获更多。

这本书，讲的是行动，但却是更少的行动

这是一本非常实用的书，但同时也是一本异乎寻常的书，因为它强调的是更少的行动，而非更多。太多的观察结果显示，如果我们不与众不同、另辟蹊径，生活就不会有真正的改善。的确，就是这样。但是80/20法则也告诉我们，怎样在总体上做得更少，却同样能达成改善生活的目标。很多事情令我们幸福快乐，我们也做着越来越多这样的事情。可是，这类事情只占每件事的一小部分，所以，我们可以在总体上做得更少，却仍然能改善自己的生活。更多地思考，更多地做几件事情，做得更好更彻底，但在总体上却做得更少。

我是怎样偶然发现80/20法则的

对于80/20法则，我是大唱赞歌的，我可以毫不犹豫地说，这个法则真的不可思议，因为这个法则不是我发明创造出来的。80/20法则的根基是一条科学定律，就是80/20定律。事实证明，在商业与经济领域，这条定律的确奏效。80/20定律，在本质上说的是，80%的结果是由不到20%比例的原因或者努力造成的。

在我早期写的书，也就是《80/20法则》里，我解释了怎样利用这个定律增加公司利润。同时，我也利用了一小部分篇幅，解释了这个定律怎样可以应用到个人生活之中，并且能增加快乐和成功。

>>> 前 言

这种应用方法引起了巨大的争论。某些批评家说，在商业领域，这是一条完美的、令人推崇的定律，但是离开商业领域，这条定律就会失效。而那些采用这种应用方法的读者们给我写信说，这条定律的确已经改变了他们的生活。

《80/20法则》那本书，已经被翻译成了22种语言，售出了五十多万册。因为它被定位成一本商业书籍，所以由商业出版社出版发行，在商业书架区陈列。现在，多少已经变成了一本有用的，而且颇受赞赏的自助式书籍。看来我的想法是奏效的，很多读者看完以后，就告诉了身边的朋友们，而朋友们看完以后，又告诉了各自的朋友，这引起了口头上的轰动。

七年之后，我还是不断收到来自世界各地的信件或者电子邮件，而且流量有增无减。其中很少有人提到他们的商业，他们只是说，那个伟大的想法怎样带来了快乐和效率：怎样帮助他们聚焦于对自己真正重要的几分人际关系和几个问题；怎样帮助他们增加了自由感；怎样推进了他们的事业；怎样让他们脱离了老鼠赛跑般的单调生活。他们告诉我，自从应用了这条定律，便消除了过去经常感到的浪费光阴的罪恶感，也不再对那些于己不重要的工作付出过多。80/20法则，带他们找回了自我，也带他们找到了他们真正想要的生活。

对我个人来说，的确也是如此。80/20法则让我意识到，对自己来说真正重要的东西是什么。1990年，我从传统事业中逃脱出来，放弃了管理顾问的工作，开始全新生活。我知道，自己还必须得实现自我，还必须要有点"工作"。我决定让妻子也来为我的工作加油鼓劲，而不是泄我的气。从那时开始，我就选择了一个广泛的领域——写书并当个"懒惰的创业者"，也就是建立一个新企业，但我自己不做任何繁重的工作——除非那些工作能令我兴奋。

除了到南非的一年委派以外，自我下定决心以来，一直没有一个"合适的工作"，大量的时间都是和家人、朋友一起度过，纯粹

~ 3 ~

享受生活。在伦敦、开普敦，还有西班牙阳光最灿烂的地方，我都有房子，而且我也利用时间尽情享受每一个地方——经常与好友聚在一起——每年都待上几个月。不过我没退休。无论从哪个客观标准来说，在上帝赐予我的这些时间里，我都正在享受比以前工作时轻松得多的生活方式。

我绝对相信，任何人都可以更少地工作，更多地释放激情，并享受由此而来的巨大收益。重新调整你的生活吧！不仅仅会创造出更多的健康和幸福，而且还很可能助你获得更大的成功——无论你怎样定义成功。

为什么写这本新书

要是没有遇见下面这两个人，这本新书就不会面世。第一位是我的朋友史蒂夫·格索思盖。他在开普敦开了一家餐馆。他这个人聪明机智，而且充满活力。有次他跟我说："读你那本《80/20法则》累死我了，觉得太难了，都读不过10页。"他的话让我大吃一惊。

"开玩笑。"我说。

"真的，"他跟我说，"你列举的那些数字、专家还有统计资料太多太多了。我听说那本书非常棒，我也努力地理解掌握，但是太难了，我做不到。"

此时，我意识到，不是史蒂夫失败了，而是我令他失败了。我一直觉得，那本书很活泼轻松，但是我不得不承认，虽然里面有些内容——包括书的后半部分，帮助个人使用这个伟大想法的内容——简单易读，但是，还有很多关于商业的阐释说明，把许多非商业读者拒之门外。由于那本书一开始讲的就是商业部分，所以会给人一种印象，认为这种伟大的想法高深莫测，而实际上，却是非常简单。

当我第一次在那本书里探求将80/20理念应用到生活之中时，我的做法是把这种想法提出来，让读者们自己去寻找理解和使用原理的方法。当时我可能觉得："这样做应该能给大家带来更多的乐趣。"

另外一位澳大利亚的朋友劳伦斯·托尔兹，也激发了我写这本书的灵感。

他给我发了一封电子邮件，告诉我："你写的那些东西太棒了，但是我的梦想是能让不同收入、不同教育程度的人，都可以使用这个定律。你是否能写一本书，用极其简明的方式向每个人解释，如何利用80/20法则处理面临的问题呢？《80/20法则》面向的读者主要是商业人士和专业人士。能不能再为普通人，或者没受过高等教育的人写一本书？告诉大家，怎样将80/20法则应用到简单的事情上，比如从事自己喜欢的工作，或者整理财务状况等。"

我回复他说："好，这是一个出色的想法。我会立刻着手的。"于是，我就开始了这本书的写作。

80/20法则是怎样作用的

这是整本书的核心所在！但是这里，我可以非常简洁地做出解释，因为实际上整本书都围绕着两个想法：

☐ *中心法则：少即是多。*
☐ *进步法则：我们可以事半功倍，以四两拨千斤。*

中心法则的思想非常容易理解。第一章会向您做出解释，我们所需的80%来自我们所做的20%。因此，如果想要达到意欲的结果，就应该关注对我们来说真正重要的人和事。我们真正需要在乎的仅是非常小部分的事物，而其余的都是无用之物。

所以，如果我们学会辨别对自己最重要的东西、能为生活增添最多色彩的东西，再学会集中精力于这些东西上面，我们就会发现，少即是多。关注更少的事物——那些生活中真正重要的几个方面，并能带给我们需要的生活方式——生活会突然变得更有意味，回报也更为丰厚。这本书会助您找到真正重要的事物，并帮助您投身于这些事物中。

第二个想法，也就是我们可以事半功倍，这就不是那么显而易见的了。进步法则说的是，我们总是可以用更少的能量、汗水和忧虑，占有或者收获更多的成果。我们不仅可以大幅度地改进事物，而且可以花费更少的努力，这种想法是具有革命性的，它与传统思维如此抵触，值得细细检验。

本书将向您展示，如何将少即是多和以少求多应用到自身、工作与成功、金钱、人际关系、简单而快乐的生活各个方面，并会帮助您制订出一个改变自己生活的行动计划。

第一部分
简介
LIVING THE 80/20 WAY

1 伟大的想法

> 非凡的成就，不一定需要非凡的努力。
>
> ——美国传奇人物 沃伦·巴菲特

现代生活是一种错误。这个错误，并不是指我们在科学、技术以及商业领域所取得的非凡成就——与过去的几代人相比，这些非凡的成就，确实能让现代人享受更为美味的食物，更加充满活力，拥有更为长久的生命和更强的抗病能力，交通也更加便利通畅。我们的生活确实越来越舒适。

这个错误在于现代人对个人生活与社会生活的安排方式——不再是为了生活而工作，而是为了工作而生活。如果我们能够更加自信一些，选择正确的生活哲学，那么只需花费更少的时间，就能取得更高的成就，在工作中更为享受；同时把节约下来的大量时间和精力，投入到个人、家庭与社会生活之中。

我们体验生命的方式发生了变化，这是当今社会一个极其重大的变化。是更加进步了吗？不，是退步了！过去，我们追求更为轻松与和谐的生活。那时，人们的生活没这么紧张，自由安排的时间更多，对家庭和朋友承担的义务也更多，社会更为平等，社会风气更为友爱，对待陌生人也比现在热情，生活压力更小，生活更加愉悦，对酒精与药品没这么依赖，对于金钱和权力也远不如当今社会这么崇拜。现在，我们更加崇尚个性和自我，但是很多人对于这种新生的自由却充满了恐惧。人们的焦虑开始泛滥，安全感愈加稀薄。尽管人们四处寻觅这种安全的感觉，甚至狂乱地挣扎、疯狂地奋斗，但是，这种感觉还是离人们越来越远。

当今的生活，不是行驶在快车道上，便是行驶在慢车道上。可是不论是哪一种，都远不如过去的宽式车道惬意。对许多人来讲，慢车道意味着经济上缺少安全感：收入低、社会地位低，惶惶不安地担心失业，无法享受快车道上物质发达的生活。但是，快车道的生活却也不尽如人意。对许多人来讲，快车道就等于一心一意保持领先，把全部精力都花费在工作上，不惜牺牲私人时间和人际关系；他们坚持工作高于一切，沉陷在一种狂热的生活方式当中。快车道也像慢车道一般，布满着焦虑与贫乏的陷阱，只不过贫乏的不是金钱，而是时间和爱。

物质进步带来了便利，可是我们的个人生活却遭受到了损害。如果这种说法引起了你的共鸣，那么，我还有个非常重要的信息要告诉你。如果承认现代生活取决于物质和科技水平，而它们又腐蚀着我们的个人生活，那么，我可以宣布，有一条道路，一条新颖独特的道路，可以通向这个"暗盒"之外！

> 这条道路就是"80/20法则"——观察数据显示，大约80%的结果是由20%甚至更少比例的原因造成的。

在稍后的部分里，我会结合大量的生动案例，具体说明这条法则如何奏效。

现在，我只做一个简单说明：尽管在商业和经济领域，80/20法则颇为有效，并在当代社会引发了进步，但是，这一法则还没有被应用到个人生活领域或者相似领域。如果应用得当，我们的生活将更加靠近天堂，工作之担将更加轻松，而收获的果实也将更加丰硕。

实际上，要想收获更加丰硕的果实，最佳的方法就是做得少一点。而要实现这一点，你就必须把精力集中在少数事情上，那些对自己和爱人真正重要的事情上。

> 如果烦忧焦虑，那生活会是什么？
> 我们没有时间驻足，没有时间凝视！
> ——威廉·亨利·戴维斯

在第2章和第3章里，我会解释为什么80/20法则能够导致我们的生活方式发生根本性的变革，以及这种变革是如何发生的。但是为了循序渐进，我首先向你介绍什么是80/20法则——近200年以来，最令人兴奋、意义最为深远而且最不可思议的发现之一。

如果我们找来100个人，把他们分成两组，一组80人，另一组20人，那么大家会想，80人小组的劳动成果一定是20人小组劳动成果的4倍。如果人员是随机挑选的，那么结果可能的确如此。

不过，让我们设想一个虚幻的世界，20个人取得的成果比80个人取得的还要多。

让这个虚幻的世界更加奇怪一些。设想20个人取得的成果，不仅比80个人取得的多，而且还是他们的4倍。

这的确不可思议吧！我们理所当然地会认为80个人的成果是20个人成果的4倍。而现在，在这个神奇的、不平衡的世界里，情况刚好相反：不知何故，20个人取得的成果确实是80个人成果的4倍。

不可能？未必？尽管不是完全不可想象，但是这种虚幻的世界，一定非常罕见。

如果有一天我们发现，这个虚幻的世界离我们并不遥远，而且实际上还非常具有代表性，又会怎样呢？就像常规一样，我们的世界总是被划分为两个部分：一部分的比重很小，但是影响力巨大；另一部分比重很大，但却无关紧要。我们对于生活的全部观点，难道不会因此被颠覆吗？

当我们发现了80/20法则，事实昭然，的确如此。

> 我们观察到，处于顶层的20%的人力、自然力、经济投入或者任何其他可以衡量的要素，带来了80%左右的结果、产出或者影响。

数一数英格兰大型城市的人口，我发现其中最大的53座城市，人口总数为25793036人；而剩下的210座大城市，人口总数则为6539772人。这就是80/20法则的一个精确例证：20.2%的城市拥有79.8%的人口。

- 53座城市除以263的城市总数，得数为20.2%。
- 25793036除以32332808的人口总数，得数为79.8%。

80/20法则的魔力在于它不合常理，不合直觉。我们似乎受到过编程处理——也许是受自由文化的影响，也许是我们内在的公平主义作祟——我们在直觉上对原因与结果的对比衡量，大体与图1一致：

> >>> 1 伟大的想法

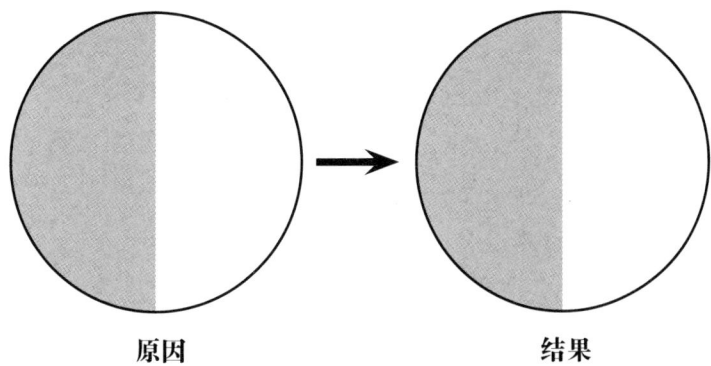

图1　原因与结果：我们的直觉

相反，事实上，原因与结果的对比可能会大相径庭，更像是图2所示：

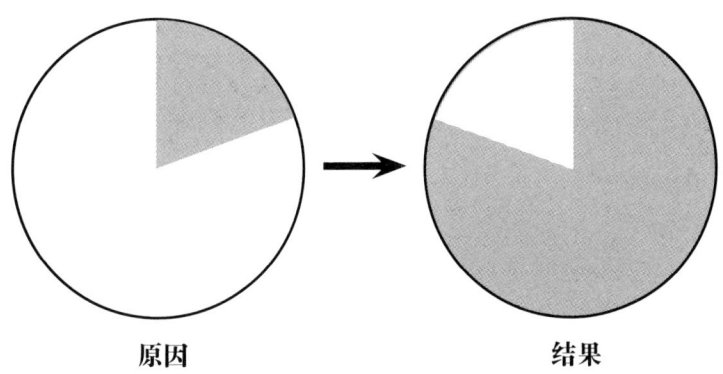

图2　原因与结果：实际情况

类似的例子还有很多：

☐ 五个人坐下来打扑克牌。很可能其中一人——占20%——会赢得至少80%的赌注。

☐ 在任何一家大型零售店，都是其中20%的销售员赚得80%以上

~7~

的收入。

☐ 一项调查显示：对于任何一家企业，其中80%以上的利润都是由20%的顾客带来的。坐落在多伦多的加拿大皇家银行最近进行了一项研究，调查每一位顾客为该银行的利润所作的贡献。调查结果令人惊愕：17%的客户带来了93%的利润。

☐ 在传媒领域，80%以上的镜头对准的都是不到20%的明星，80%以上的图书都出自20%的作家之手。

☐ 科学上的重大突破，有80%以上的部分都归功于不足20%的科学家。在每个时代，铭记的都是少数几位科学家，因为绝大部分的发明要归功于他们。

☐ 犯罪统计数据不断揭示，20%左右的惯犯造成了80%的抢劫案。

最近，在纽约和伦敦，对于单身男女来说，最为狂热的事情可能就是快速配对了——虽然当你读到此处的时候，配对可能已经最终宣告失败了。

游戏是这样的。把大约20—40人放在一个房间里，女的坐在桌子前边，男的则轮换座位。每一对男女都有3—5分钟的交谈时间，然后男方转向下一位女子。每个人都佩戴自己的标号，要是觉得约会对象合适，就记下对方的号码。最后，活动组织者会收集这些记录，把互相喜欢的号码配对，并在次日向双方发送电子邮件，告知姓名和联系方法。

美国的一个快速配对活动大导演，证实绝大多数的约会都属于相对较少的参与者。"至少有75%的女人，她们的兴趣都集中在25%的异性身上。当然，他们可能是最有魅力的，不过，其中有一半左右的小伙子以前曾经参加过这种活动，所以他们可能更加自信。"

看起来，要想赢取更多的约会，至少要参加两次快速配对活动，这是个不错的主意。

发现了吗？原因与结果之间，是一种非常不平衡的关系；而80/20法则就是这种关系的简要概括。两者的数字之和并非一定等于100。某些情况下，30%的原因会导致70%的结果；而有些时候，它们之间也许是70/20的关系——20%的原因导致了70%的结果；这一比例也可能会是80/10，或者90/10，甚至可能是99/1。

有时，事实情况会比80/20的比例还要夸张：远远低于20%——甚至只占1%或者更少比例——的人或者原因，引发了80%的结果。下面就是一些非常难以置信的例子：

☐ 世界上最为著名的个人赌博场所（Betfair），宣称其90%的收益来自10%的客户。

☐ 1995年，华人占印度尼西亚的人口不足3%，却拥有70%的财富。与此相类似的是，在马来西亚，华人数目仅占1/3，却拥有这个国家95%的财富。在毛里求斯，法国家庭只占到人口总数的5%，但是却拥有90%的财富。

☐ 在6700种语言当中，有100种语言——约占总数的1.5%——在90%的世界人口中通用。

☐ 在一个著名的实验中，心理学家斯坦利·米尔格兰姆在内布拉斯加州的奥马哈市随机挑选了160名居民。实验的要求，就是这些人各自把一个包裹送达到波士顿的一位股票经纪人手中，但不能直接邮寄。他们必须把包裹邮寄给自己认识的某个人，然后这个人再想办法通过自己的熟人传递包裹，依次传递下去。绝大多数的包裹，在传递到经纪人手中的时候，所用的传递次数都在六次以内，于是就有了"六度分离"理论。但是这个实验给我们的启示是，半数以上的包裹都是通过波士顿三个人际交往广泛的居民传递到经纪人手里的。这三个人在实现最终目标的过程中，无疑比其他的波士顿居民更为重要。

☐ 流行病由极少部分的病案引起，随后扩展到整个受染人群。

例如科罗拉泉镇爆发的淋病，仅占该镇6%的近邻人口，在病案中却占了50%。调查还显示，在6间酒吧相遇的168人引发了整场瘟疫，科罗拉泉镇不足1%的人口，要因此为整个事件负全责。

☐ 美国人口不到世界人口的5%，却消费了世界上50%的可卡因。

☐ 占总人数不到20%的人群，创立了新的公司，创造出80%以上的财富。在过去的30年间，创造出80%价值的企业，很可能仅仅占新企业总数的1%——包括价值超过2000亿美元的微软公司。与此类似，1%的企业家——其中最为知名的是比尔·盖茨，身价超过300亿美元——在新创建的企业中拥有80%的财富。

☐ 历史资料显示，在1847—1917年的欧洲，秘密警察手里掌握着几千个"职业革命家"的名字。然而，其中只有一人——弗拉基米尔·伊里奇·乌里扬诺夫，即列宁——真正引发了决定性的革命。因此，1名革命者与3000名革命者相比——仅仅占到0.03%，却在那个年代促成了100%的成功革命。虽然这是个极端的例子，但是历史的确如此，极小部分的历史人物，常常扭转了整个历史进程。

有一点非常明确，那些造成了80%或者更多比例结果——不论好坏——的人，仅仅占到人口的20%甚至更小比例，他们并非是随机挑选出来的，他们不具有普遍性。这些人很有意思，因为他们产生的结果是其他人产生结果的10倍、20倍甚至更多。这些人不可能比其他人聪明10倍、20倍。造成这种现象的原因是他们所使用的方法和资源发挥了超凡的魔力。

全部生活

80/20法则不仅适用于人类及其行为方式，也适用于生活的各个方面。世界上总是存在着少量极为强大的力量，以及大量不重要的繁琐之事。比如：

☐ 20%的国家，其人口总数远远低于世界人口的20%，却消耗了世界上70%的能量、75%的金属以及85%的木材。

☐ 占据地表面积不到20%的土地，出产世界80%的矿藏。

☐ 不到20%的物种，导致了地球上80%的生态退化。据估计，在全球三千万个物种当中，只需一个物种——就是0.00000003%——就足以造成40%的危害。这个物种不用猜，猜对了也没有奖励。

☐ 一颗坠入地球的小小陨星就能够造成地球80%以上的毁坏。

☐ 远远低于20%的战争，导致全球80%的死伤。

☐ 阿拉斯加州大量的海豹在很小的时候就死掉了；而幸存下来的小海豹，其中80%是由20%的母海豹生下来的。

☐ 不论你身在何处，80%的降雨都来自于20%的云彩。

☐ 在超过80%的时间里，播放的都是那些占总数不到20%的音乐。如果你去参加音乐会，不论是古典风格的还是摇滚音乐会，一些熟悉的老歌——在全部保留节目中仅占很小的一部分——都会被一遍又一遍地演唱。

☐ 在大部分艺术馆的展览中，有80%的时间陈列的都是不到20%的展品。

☐ 对于成功的风险投资家而言，5%的投资实现了总收益的55%；10%的投资实现了总收益的73%；而15%的投资则实现了总收益的82%。

☐ 一切发明创造中，20%的部分对我们的生活产生了80%的影响和冲击。在20世纪，核能与计算机的影响力恐怕要超过数以百万计的其他发明创造和新科技。

☐ 全球土地中的20%，种植并生长出80%的食物。同样，水果的重量或者体积，通常只占到树木或者藤蔓的20%以下。而动物们消耗大量的谷类与青草，才能长出一点点肉来。

☐ 饮料也是80/20法则极其有力的例证。到底是什么让可口可乐与这个星球上其他的软饮料相比具有如此多的价值呢？是那神圣的配方！一点点浓缩的配方品，与大量的水混合起来，就成了"可乐"！又是什么使得不同品牌的啤酒各具特色呢？还是那微量的啤酒花和其他调料。

☐ 实际上，整个生命进程都完美演绎着80/20法则——从橡子到巨大的橡树，从酵母到面包。微小的原因，巨大的影响。

☐ 最后，生物进化展示了极好的选择性例证。生物学家理查德·道金估算，曾经生活在地球上的物种，其中的1%组成了现在存活着的100%物种。

80/20法则在生活中无处不在。这让人惊奇，让人愕然！这与我们的直觉完全不同！在原因与结果之间，存在着如此巨大的失衡！

> 绝大多数结果都归因于少数元素，一点点事物，就可以改变生活！

许多人认为80/20法则既然强调位于顶层的20%，那么这20%天生就高出一等。这是错误的！要是觉得应用这个原则对个人存在什么限制，或者根本不会有什么收获，那就大错特错了！绝对不会是我因这个原则受益，他人却蒙受损失！

还有，要是因为某些方面天生具有优势就拒绝改进，那么方向就错误了：进步是可取的，它有助于每一个人。完美是不可能存在的，而且我个人认为，这也是无益的。80/20法则所说的天生优势，无非就是金钱、私财，或者预防疾病的疫苗。要是觉得这些东西会造成"高出一等"的局面，从而拒绝改进，那么这种想法就是愚蠢的。它们都是工具，是每个人用来改善生活的工具。

任何人都可以利用80/20法则改善生活：将这个法则应用到我们的日常生活中，以更少的努力和更少的焦虑，获得更多的幸福和意欲的结果。我们可以利用80/20法则处理世间的万事万物，更为轻松地得到更好的结果。当我们付诸实践的时候，他人也从中受益。

那么，要是所有人都应用了80/20法则，会出现什么情况呢？每个人都会因此逐步改善。那么，是不是还会存在顶层的20%和底部的80%呢？当然，肯定会。除非不再存在改进的余地。只有当我们抵达了乌托邦或者涅槃世界——一个完美的世界——80/20法则才停止作用。幸运的是，这根本不会发生，我们总有可以改进的方面。

> 我从自己的经历中体会到，其他成千上万的人也发现，应用80/20法则，不仅仅会对我们的经济和社会产生巨大影响，也会给我们的个人生活带来变化，令我们快乐、满足、轻松。现在，就让我们开始事半功倍之旅吧！

2 事半功倍

> 只要花费去地狱一半的辛劳,很多人就能够上天堂了。
>
> ——英国剧作家 本·琼森

人类的整个历史,以及整个文明的发展历史,都蕴含着事半功倍的道理。

大约8000年前,人类从原始的狩猎和采摘野果开始,进化到开展农业、耕作以及饲养家畜,我们的祖先终能免受饥饿之苦。他们可以用更少的劳动换来更多的食物。

直到300年前,98%的劳动人口还在从事农业工作。接着,一场全新的农业革命使得机器开始进入人类社会,大大提高了劳动生产率。今天,在一些发达国家,农业人口仅占总人口的2%—3%。然而这些人口所生产的粮食,产量却更高,品种更加多样,营养也更加丰富了。这就是事半功倍。

在过去400年里,经济发展驶上了高速公路,这也是事半功倍。

找出少数高效的生产要素或者劳动方法，并广泛应用，这样就能够以较少的资源取得较多的成果。土地、资本、劳动力、管理、原材料以及时间等要素，虽然投入得越来越少，但产出却越来越大、越来越高：更少的铁矿就能够冶炼出更多的钢铁；更实惠的价钱就可以消费更多种类、更有个性、更高质量的产品。

一个世纪之前，电脑还没有诞生。就算在40年前，电脑也为数不多——不仅体积庞大、笨重，而且费工费时、成本极高。当时，就算把整个地球上电脑的处理能力合在一起，也不及我现在所使用的外形很小的膝上电脑。现在，电脑越来越便宜，体积越来越小，使用越来越简便，处理能力却越来越强大。以电脑的发展史为例，正好说明了事半功倍。

人类社会的每一项物质进步——科学、技术、生活水平、住房、食物、健康与长寿、休闲、交通运输，让现代生活得以更加富足而又充满乐趣的每一方面，都是为了事半功倍。

取得事半功倍的一个简单方法，就是放弃某些东西。代数就是这样：通过省略掉部分数字，我们的计算变得更加轻松——这也是所有计算机编程取得重大突破的基础。互联网得以广泛应用，就是因为它打破了空间与距离的限制。索尼随身听，不过就是省去扩音器与话筒的盒式磁带播放器而已，称它为一项杰出的发明，因为它把幻想变成了现实，让你随时随地都能享受美妙的音乐。马提尼干酒成为一种风靡饮料，是因为剥夺了马提尼对此的继承权。整个快餐业，也不过就是省去了服务员的餐厅嘛！

> 毫不夸张地讲，事半功倍是一条基本原则。当代科学、技术以及商业进步无不建立在这条原则的基础之上。

80/20法则告诉我们，是少数原因造成了大量的结果。如果我们已经清楚自己想要的结果，那为何不尝试寻找一些高效的方法来达到自己的目的呢？80/20法则可以向你保证，这些方法是存在的。每一次，只要达到了事半功倍，就说明你找到了那黄金般的20%：最有创造力/生产力的人群、方法或者资源。

各个企业甚至各个国家都在想方设法达到以较少的人力、物力、财力就能创造较高价值的目标。然而它们永远也不会沾沾自喜，它们的脚步永远不会停歇，因为总是存在着更为高效的方法，而且总是会有人很快找到这些方法。因为存在着80/20法则，经济进步会永无止境。

我们没有把事半功倍的原则用于个人生活

尽管当今的世界信奉这条进步的法则——经济、科学的事半功倍法则，但是在私人生活与社会生活方面，这条法则却总是碰钉子。对大家来讲，生活的法则是"事倍功倍"。为了获得更多收入、更高的社会地位、更加有趣的工作和更加丰富多彩的生活，人们好像必须要将更多的时间投入到专业、事业、公司或者客户身上，甚至没有任何时间留给自己、家人和朋友。他们也把健康和休息丢在了一旁，甚至也忘记了为创造性这块电池充电。

紧张的生活最终变成了疲惫的工作。是的，你的确获得了更多的机遇、更大的激励、更高的收入，但与此同时，强大的工作量、疲惫的身心以及深深的焦虑也将与你为伴。

> 为什么在科学、技术与商业领域，事半功倍的法则被我们运用得如此成功，而到了工作与生活上，我们却要坚持事倍功倍呢？

如果事半功倍法则适用于企业与经济领域，那么，这条法则也同样适用于个人。事实上，从自己、朋友以及许多熟人的经历中，我知道了事半功倍确实是存在的：拥有更满意、更有成就、更富裕、更快乐、更加和谐而且轻松的生活，更好的人际关系，同时付出更少的牺牲、辛苦、泪水与汗水。

我们正在做的许多事情，不仅仅劳时费力、毫无用处，而且还可能会起反作用。焦虑，就是一个很好的例子。焦虑从不起任何积极作用。如果你正处在焦虑状态，那么你要赶快做出决定：是"采取行动远离焦虑"，还是"不行动远离焦虑"。如果通过行动我们能够逃过坏运气，或者能够减小霉运发生的可能性，行动就是有意义的。反之，如果所要发生之事不在掌控之内，那么无谓的焦虑只会让我们丧气，却没有任何意义：你就要选择"不行动远离焦虑"。焦虑总是会在我们心里聚集，但是我们能够消灭它。赶快决定是否行动吧，但是记住，不论做哪种选择，你都要远离焦虑。

> 一项重大的工程就摆在我们面前——要颠倒我们现代的工作与生活习惯。那就是将我们的个人、事业以及社会生活从以多求多，转向以少求多。

这种变革需要时间。整个社会的生活方式并不是轻而易举就能够改变的。加尔文教徒们的观点——认为辛劳与苦难是个人取得进步的核心要素，如同中国的"天将降大任于斯人也，必先苦其心志，劳其筋骨"——深深根植于文化之中，根植于现代工作的假定之中；要想把这种思想转变过来并彻底清除，需要花费一代人的时间。然而，不管对谁而言——对你还是对我，80/20法则的美妙之处就在于，我们不必花费时间去等待。我们现在就可以把它应用于生活，并立刻从中受益。

怎样才能通过较少的辛劳，收获更多的幸福

事半功倍是一种实用工具，它蕴含着下面两条假设：

☐ 在我们的生活中，总是存在改进的方法；并且改进幅度很大，而不是小幅改进。

☐ 改进的方法就是扪心自问："怎样做能够让我通过较少的辛劳，收获更多的幸福？"

> 如果改进的方法，是让你花费与现在同等的辛劳，甚至多于现在的辛劳，那么说明你的改进还不够。更好的结果，必须是通过较少的辛劳获得的。

想要以少求多，似乎不是很有道理，但这也正是重大改进之所以能够存在的原因。花费更多的辛劳去寻求改进的圈套就在于：我们只能重复这种辛劳较多的工作方式。事情的确有所改进了，但如果只是满足于小小的改进，那么在持续的劳动过程中，我们迟早会变得筋疲力尽。相反，如果你渴望事半功倍，事情就要变得简单：我们总是梦想着取得重大突破。通过自觉地减少投入去寻求更多回报，我们会逼迫自己努力思考、创新，改变做事的方法。而这正是所有进步产生的原因。

努力思考，听起来可能有一点点恐怖。但是，难道你不想仅仅通过一点点的努力思考，去收获更好的结果么？难道你愿意去做大量的劳动？在少量的实践之后，思考一下怎样会事半功倍，将会十分有趣。秘诀就在于，挑选出那些能够用少量辛劳获得更为丰厚报酬的行动方法。

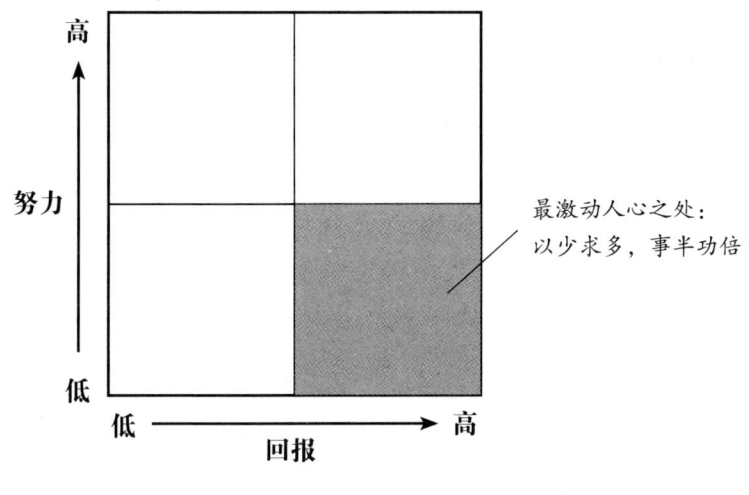

图3　事半功倍图

假设你是一个石器时代的人，住在弗林斯顿（Flintstone）——原始人的老家。现在，你需要马上赶往城市的另一端。那么就有两种选择：走路或者跑步。走路呢，花费的时间比较长；而跑步虽然节约时间，但是会消耗体力，意味着更多的辛劳。

> 如果选择了跑步，那么你就犯了当今人类的大错误：以多求多。这就是最为典型的例子，为了确保更好的结果，而花费更多的辛劳。

而80/20法则，却是截然不同的。尽管有点儿不合逻辑，但是我们需要的是以更少的辛劳收获更好的结果。既然我们清楚，这种事半功倍的方法是存在的，那么我们就会一直花费时间冥思苦想，直到找到这种方法。怎样才能更加快速地穿过弗林斯顿城，却避免那种艰难的跑步呢？

就像史前晚宴旁边的服务员，我们可以划滚轴，这样所花费的能量要少于跑步，抵达的时间却提前了。或者更进一步，我们可以找到一只友好的雷龙,跳上它的后背。这也是事半功倍。

再举一例。假设你现在十几岁,想要约会一位颇具吸引力的男孩或者女孩。事半功倍图就类似图4的样子。

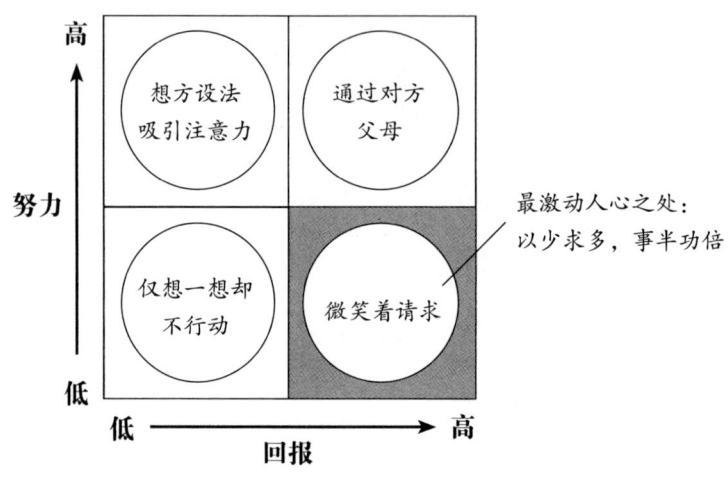

图4　少年想要约会

你可以仅仅在自己脑中设想,那个约会是多么美妙啊,但是却什么行动也不采取。这样很简单,但是却毫无用处。

你可以让自己变得光彩照人,比如成为辩论协会的主席,或者在一项运动项目夺冠。但是你所倾心的男孩或者女孩,很可能没有注意到你,或者根本就不在乎你的这些举动——高投入、低回报的方法。

你可以花费很多年的时间,去讨对方父母的欢心,寄希望于他们为你安排约会。这种方法也许有效,但却要花费更多额外的劳动。

或者,你直接走向那位让你心仪的对象,脸上流露出最为真诚的笑容,请求他或者她和你约会——简单,同样可能非常有效。

虽然生活中的许多事情不像这个案例这样简单,但是你同样可以为自己画出一张图。只需花费一点点的想象力，你就能够以较少的辛劳收获更为丰厚的回报。

> 并不是说，有了事半功倍的方法，我们就不再需要坚持不懈，就应该放弃对我们颇为珍贵的目标。决定权在我们自己手中。如果我们选择了适当的做法，那么就能够以少量的工作取得较高的回报；如果我们能够全身心地投入，那么我们的回报将会更高。

设想任何一位伟大的科学家、音乐家、艺术家、思想者、慈善家或者商界领袖：

☐ 他们之所以取得成功，是因为他们认为自己在做一些简单而自然的事情，还是因为他们认为自己在做一些复杂而又奇异的事情？

☐ 他们之所以取得成功，是因为他们辛勤工作，还是因为他们认为自己能够比别人在该领域更加轻松地变得出色？

☐ 他们辛勤工作，是因为他们于心有愧，还是因为他们认同自己的工作，对此深信不疑，并且热爱它？

甚至他们在辛勤工作时，工作方法也是高效的——通过努力，他们能够获得巨大的回报。

在我们每个人的生活当中，总是有一些事情让我们得心应手。我们只需花费一点点的金钱或者辛劳，就能够完成得很好。也许有些陈词滥调，但是生活中最为美好的事情，就是在完全自由或者接近自由的情况下，劳有所获——而且收获颇丰。

> 表示感谢，流露欣赏之情；表达感情，观看日出日落；照顾宠物或者培育植物；对偶遇的熟人或者陌生人微笑；随手做一件好事；在美好的环境里享受散步的乐趣——这些就是实现事半功倍的方法。你的收获将会远远超过你所付出的辛劳。

如果这些让你有所动心，那么就继续向前跨越一步吧，你需要拥有对于事半功倍的渴望。事半功倍的美妙之处就在于，它能够适用于任何事情。在你的一生中，它总是有效，总是能够帮你找到答案。以多求多的症结在于，它无法持续；而以少求多则很简单，易于持续与发展。一点点前瞻性的思考，相对于一生的巨额回报来讲就变得微不足道了。

什么使困难变得简单

实现事半功倍的最后一个要素，就是养成习惯，它能够让我们的生活发生翻天覆地的变化。任何事情，第一次做起来总是非常困难；随着我们重复的次数越来越多，事情也就变得越来越简单；直到有一天，不做这件事会变得比做这件事更加困难。一个非常棒的例子就是锻炼。第一次步行五公里，是多么艰难啊！但是如果你每天都能这样做，那么这就成为世界上最为简单的事情了。事实上，在重复做一件事情两周时间之后，你的身体和大脑就会对这种重复产生适应性——从而成为你的第二天性。

> 哪些困难会变得简单，哪些简单会造成复杂呢？

尽管我们可以随时随地改变自己的习惯，但是改掉坏习惯还是越早越好。如果我们总是重复一些简单的事情，比如暴饮暴食，不论到哪儿都是开车而非走路，或者对鸡毛蒜皮的小事也会动怒，那么几年之后，你就会发现，要改掉这些坏习惯已经变得相当困难了。从另一个角度来说，如果我们尝试一些刚开始并不容易做，但是绝对值得去做的事情，那么不久之后，对你来说，这些事情将会变得容易起来。

少数非常好的习惯至关重要。因为如果缺少重复，我们可能会失去那些我们为之辛苦奋斗而得来的东西。比方说，不论健身减肥训练效果多么好，要是你一个月不锻炼，身体很可能又恢复原状。为什么还要选择劳而无获呢？只需要养成几个好习惯，就能够告别这种状态啊！而且它们还能融入你的生活，成为你的第二天性，让你每天健康而有规律。

如果我们能够尽早地养成一些好习惯，我们就能够达到事半功倍的境界；如果一味地拖啊拖，那就只能付出更多的辛劳。但是同时，受人类的自然禀性所限，你最好在众多的好习惯当中有所选择。要想以较少的辛劳收获更多的快乐，你就必须精心挑选出几个你最喜欢、最容易培养的好习惯，而且不必为自己没有养成其他的好习惯而烦恼。

> 对于大多数人而言，能够养成的好习惯的数目是有限的。而其中，仅有为数不多的几个好习惯能够让我们收效最高，甚至受用一生——我们预先付出少量辛劳，而从今后的生活中收获无与伦比的幸福。

做决策的人是你，而不是我。是你，需要决定哪些收效最高的习惯最适合自己。就是现在（如果拖到以后，你将把它抛之脑后）！你做出决策的依据，并不是你脑中认为它"好"，而是它能够给你带来的巨大收益。选出7个对你来说收效最高的习惯吧，并让它们在今后的生活中成为你的好朋友。

下面为你列举出了一些收效颇高的好习惯（这些习惯对你来讲是否有益，只有你自己能够做出决策）。仔细挑选出7条对你来说收效最高的习惯！以更少的辛劳去收获更多的快乐与幸福吧！

表1　　　　　　　　　　一生中收效最高的习惯

习惯	收效
天天健身	更健康、更有吸引力，感觉更棒
天天动脑	保持思维敏捷，提高智力水平，从思考中获得乐趣
每天做一件有益于他人的事情	收获快乐
每天深思或者静想	保持头脑清醒、不混乱，做决策会更加明智
每天向你的爱人表达爱意	留住他或者她，让他们感觉幸福
只要条件允许，就不吝惜你的表扬或者感谢	让别人和你自己都保持良好的心态
节约收入的10%用于投资	没有金钱之忧的未来
对朋友慷慨	更深的交情，感觉更好
每天总是拥有2—3小时的纯休息时间	恢复能量，保持身心健康、愉快
永不说谎	赢取他人的信任，建立良好的声誉
永远保持平和与放松	感觉更好，身体更健康，寿命更长
集中注意力在那些烦扰你的事情上	以少求多，事半功倍
决心永不焦虑：采取行动远离焦虑，或者不行动而远离焦虑	心力平和，减少辛劳
经常自问：怎样才能事半功倍	不论条件如何都能大幅度提高工作效率

挑选出几个最能让你高兴的习惯。如果单子还没有填满，那么继续挑选出那些最有可能让你高兴的习惯，直到挑出7条。然后，把这7条付诸行动。

事半功倍：最后的领域

什么最为短缺而又最为珍贵？什么东西一旦耗竭，我们会变得最为沮丧？

答案很可能是时间。

有一件事听上去可能不可思议，那就是事半功倍的法则同样能够适用于我们一生中最为短缺而又珍贵的东西——时间——上面。无论听上去多么神奇，这个说法是真的！

3

我们拥有世上全部时间

时间是一位和善的神主。

——古希腊剧作家 索福克勒斯

一位极其杰出的华尔街交易员在他30岁的时候,决定前往中国西藏,进入寺庙,接受严格的精神训练。

第一天,与他一同谋求新生的伙伴们都犹豫不前,而他则走向禅宗,问道:"要想参悟,一般需要多久的时间?"

"7年。"禅宗回答说。

"但是,我在哈佛商学院学习的时候,在班级里名列前茅;在高盛我赚了1000万美金;为了进入寺庙学习,我参加了最好的短期管理培训。如果我刻苦学习,并且竭尽全力去缩短学习时间,得需要多久呢?"

禅宗笑了,说道:"14年。"

再讲另一方面的一个故事,你是否还记得阿基米德?有一天他正在静静地洗澡，浴缸里的水溢了一些出来。接着，突然之间，他从浴缸里兴奋地跳出来，赤身裸体跑到雅典的主干道上，扯着嗓子喊："找到了！我找到了！"他就这样领悟到了一条重要的定理。只是一瞬间，在他放松的一瞬间，在他什么都不去想的一瞬间。

> 时间就是这样：当我们想要加速的时候，它却显得怪僻；当我们慢下来的时候，它反而成为我们的好朋友。

这与80/20法则有什么联系？时间，也许是对于这条法则最好的诠释；它也是我们的生命中最为宝贵的东西。如果我们能够在工作时创造较高的价值，我们就能够以20%的时间收获80%的成就。在我们个人生活方面，也只需花费20%或者更少的时间，就能够换来80%的幸福和价值，特别是对于那些我们所爱的人。

一旦认识到这一点，我们的生活就会发生变化。突然间，时间不再紧缺。你也将不必匆匆忙忙。如果我们能够发挥智慧，想清楚用自己的时间到底能换取哪些东西，那么我们就可以放松下来，甚至可以懒惰。事实上，懒惰——拥有大量的时间来思考——也许是完成这一伟大交易的先决条件。

在古希腊，事实就是如此。奴隶们承担了所有的工作，古希腊人就能够把他们的时间都花费在思考、辩论与娱乐上，结果就造就了最为伟大的文明、科学以及文学——前所未有的一切。在高度发达的现代社会，事实也是如此。由于大多数人不用靠双手劳动，因此就能够用头脑去创造更多的财富、更发达的科学以及文化。

不过，自相矛盾也随之产生。这种自由是我们从未享有过的，但是我们却没有意识到自己自由的程度；这么多的时间，也是我们从未拥有过的，然而我们却感到自己所拥有的时间如此之少。现代生活方式威吓着我们，让我们生活加速。科技的发达，使我们得以让生活的步伐加速。但是，在与时间赛跑的过程中，我们所做的仅仅是把自己搞得精疲力尽。快速前进,并没有让我们赢得更多时间——它让我们感觉自己总是落在时间后面。我们在与时间战斗,时间成了我们假想的敌人。我们认为时间是在加速,认为它在以惊人的速度从生命中流逝。

> 安德鲁·马维尔曾写下名句:"时间就像一个无情的敌人,在我背后,坐着战车气势汹汹地飞驰而来。"
>
> 亨利·奥斯汀·都布森以他那讽刺性的幽默语言刻画道:"时间疾步,是你说的?啊不!呜呼哀哉,时间常驻,我们疾步。"

然而,马维尔、都布森以及现代生活方式都错了。我们能够事半功倍:用较少的时间换取较多的快乐,用较少的时间换取较多的成果。

80/20法则彻底颠覆了时间在现代生活中的一贯意义,让我们拥有足够的自由,不再为时间流逝而担心。时间并非稀缺,我们能够驾驭时间;时间并非飞驰,我们也不用疾步。时间能够常驻,给我们带来快乐、成就,让我们感到永恒。

时间浩渺,似无际的海洋,我们可在它的怀抱里安然畅游,无须担心末日的降临。毕竟,尊敬的古诗人索福克勒斯道破了真谛:时间,多么和善的神主!

> 时间经历有两种方式。一小部分时间——20%甚至更小比例——满足了我们80%的需要;与之相比,绝大部分时间——80%甚至更大比例——仅满足了我们20%的需要。

时间的脚步,忽快忽慢。时光,有时像水滴一样一点点地流去,有时又像湍流一样滔滔逝去。也许很长时间里,什么都不会发生；也许一瞬间，时间之潮淹没了我们的世界。时间的艺术就像冲浪——驾驭那种潮涨潮落，带领着我们驶向幸福与成功。时间不是绝对的，它是相对的，会随着感情、注意力与时机的改变而改变。

曾几何时，我们完全迷醉，拥有全身心的快乐，与万事万物那么和谐——时间静止了。我们忘记了时间，也完全忘记了自己。在那时，那个地方，我们体会到内心的平静，感受上天赐给我们的幸福。

> "时间流逝，"我们说，"那一天就一去不复返了。"

我们感到最为快乐的时光，其实非常短暂。我们收获最多的时间，也很短暂。有点类似阿基米德的例子，在这些短暂的时间里，我们脑中也许会产生突破性的洞察力或者思想。甚至我们所做的一些决策能够改变自己的生活。小小一部分时间，价值堪比几天、几周、几个月，甚至几年的"普通"时间。

在这些时光之外的大部分时间里，却没有任何有价值的事情发生。我们烦躁、迷茫或者平平淡淡。在这些倒霉的日子里，时间的脚步好像停滞了——日子沉重而漫长。

上面是两类时间，你觉得第一类和第二类在本质上相同吗？几乎完全不同。美妙的一天，其价值也许超过倒霉的一生。以少求多。

时间的价值，我们如何感受时间，都是由我们怎样利用时间来决定的——在那一时刻，我们怎样感觉生命。

- ☐ 我们的快乐，有80%集中在我们总时间的20%当中。
- ☐ 80%的快乐都是在20%的时间内创造出来的。
- ☐ 也许20%时间为我们创造了80%的成果。
- ☐ 而另外80%的时间，却只让我们收获了20%的成果。

按照这个思路，接下来：

☐ 不管对我们，还是对任何人来讲，我们所从事的大部分事情，都价值甚微。法国小说家拉布吕耶尔说过："那些对于时间短暂抱怨最多的人，就是那些最不会利用时间的人。"

☐ 在十分短暂的时间里，我们所经历和所付出的，反而无比珍贵。这些短暂的时间，让我们获得了无比的回报——20%的时间产生了80%的快乐或者成果。这段时间的回报，是平常的4倍，换句话说，是400%。

☐ 只有这一小部分时间需要我们好好利用，这样，我们就不会感到时间不足了。如果80%的时间仅仅能为我们带来20%的价值，那么这部分时间的回报率就是20%除以80%，其结果是25%。问题的关键不在于时间本身，而在于我们如何来利用它、驾驭它。从我们自己的时间里，我们可以选择25%的回报率，或者是400%的回报率。

☐ 如果我们自己给自己打工，或者每周花两天时间在那些最有价值的事情上，那么，过去需要五天时间才能获得的160%，而如今只需要两天时间。而我们还剩下三天时间可以自由支配。

☐ 通过改变驾驭时间的方式，我们能够显著提高生活质量。如果你能挑选出为数不多的几件最让自己高兴或者高效的事情，并集中精力在这些事情上，而放弃大部分占用你大量时间却让你感到乏味或者低效的事情，那么，你就能够生活得更加幸福——事半功倍！

☐ 通常，我们感到愉快的时间很短暂，而倒霉的时间则很长。把它们调换一下，怎么样？如果快乐的时间变得很长，而倒霉的时间变得短暂，那么你是不是会让你的生活发生翻天覆地的变化呢？

> 当然，快乐与个人的情感是很难精确衡量的。80/20的比例仅仅是个约数。同样，让时间的价值乘以4——简单的手指运算——就像把寿命从80岁延长到320岁，而无须担忧衰老造成的不便！

哪里是你的快乐老家

快乐老家，就是指一小段时间——特别的、愉快的时期——当我们最为高兴的一段时间。

回头仔细思考，上一次你真正感到快乐是什么时候，接下来思考再上一次。

这些快乐时光，或者其中一些快乐时光，有哪些共同点？你是不是在一个特别的地方与一个特别的人在一起？或者你是不是在做一件特别的事情？这些快乐时光，是不是具有相同的主题？

怎样才能让你在快乐老家度过的美妙时光翻番？如果你测算出，你留在快乐老家里的时间占你全部时间的20%，那么，怎样才能让这个数字变成40%、60%甚至80%？

如果你全部时间的80%，只能带给你20%的快乐，你能否放弃那些事情，留出时间给那些真正让你感到快乐的事情？

幸运的是，我们总是会花费一些时间在无聊的事情上，而这些事情不能让我们高兴。比如，一份关于人们收看电视的调查显示：在连续观看几个小时的电视之后，只有少数人表示他们很高兴，而大部分人会感到轻微的沮丧。如果看电视能增加你的快乐，放手去看；如果恰恰相反，那就放下电视吧！

还有哪些不能够让你快乐的事情，你需要放弃呢？什么时候你能够身轻如燕，而不受世俗责任的压迫呢？如果尽责给你带来的快乐少之又少,那么这么做又有何意义?如果你快乐了,那么你会用这种快乐感染到你身边的人。而痛苦,也是一样。

> 扪心自问吧:
> 如果大部分时间里,我没有感到快乐,那么我怎样才能减少在这些事情上面的时间呢?

哪里是你的成就老家

许多人第一次听说80/20法则时,都会产生误解。"从理论上来讲,这个法则棒极了,"一位慈善机构的负责人和我说,"但是我很难把它应用于实践。想要把自己的精力集中于最有效率的20%的事情上,实在太难了——实际生活中,人的精力无法坚持那么长的时间。"

"在你看来,你最有效率的20%是哪些事情?"

"噢,匆忙地四处奔波演讲,募集资金,约见有权有势的人与心地善良的人。为了演讲,我可以一周仅吃两顿午饭和两顿晚饭。但是如果这样还不够,那我就彻底坚持不住了。"

"但是也许这些并非你最有价值的时间,"我反驳道,"想一想那些让你感到轻松、却又让你获得很多收获的时刻。最近,这种短暂的时刻有没有出现过?也许就在你灵光闪现的时候?"

"噢,我懂你的意思了。有一天下午,非常美妙的下午,我累坏了,所以回到家,我就搬了一把椅子坐在花园里。我漫不经心地,真的,但是就在那时,我为一次新行动想到了好主意。而且真的是个好主意,那一次所募集到的资金,是一年前的5倍。"

> 成就老家，就是你最为高效、最有创造力的一小段时间：那时你能事半功倍，你能在短暂的时间里以相对来说较少的努力去收获较多的东西。那么，哪些是你的"一小段时间"？

它们之间是否具有相似之处？它们是否在一天的相同时段发生？这些行为是否相似，比如销售、写东西或者做决策？它们是否发生在相似的地点？你是否与特别的同事在一起？或者它们是否发生在某件事情或某个情景之后？你当时情绪如何？与大家在一起还是单独一个人？匆匆忙忙还是轻轻松松？在讲话、在倾听或者是在思考？

怎样才能延长你身处成就老家的时间，而缩短做其他事情的时间呢？

理查德·亚当是一个深感无聊的政府中层官员。在50岁的时候，为了哄喜欢小兔子的女儿朱丽叶睡觉，他编出了一个故事。于是，就有了那本销量超过700万册的《海底沉舟》，因此也改变了亚当的一生。

你能够在你内心真正喜欢从事的事情上，多花费一些时间么？甚至去放弃你每天的工作？你的一个爱好、兴趣或者副业，难道就不能够发展成为你的一份事业？去找到答案：花费更多时间，到那些让你感到愉快的事情上。

> 在你仍然从事于原来的工作时，尝试一下你的新目标。尽力把你脑中的各种想法付诸实践，直到撞击出火花。

白日做梦的可怜职员

从前有个任性的学生。由于总是引发混乱，后来被学校开除。他找到了一份薪水很低的工作，就是做办公室的低级职员。这份工作让他感到十分无聊，因此他用大量的时间去做白日梦，或者阅读科学书籍。他把自己当成了靠自学的业余科学家。

这个孩子就是阿尔伯特·爱因斯坦。在25岁左右的时候，他就靠着相对论，登上了科学世界的顶峰。之前4年，他就是在伯尔尼的瑞士专利局发现了这个理论。"名人科学家"的辉煌光环，自此也永久环绕着他。

> 许多伟大的想法，都来自于那些从事平凡工作的人们。那些很容易被浪费掉、很容易让人感到痛苦的时间，反而变得那样富有创意，那样愉快。

思考一下下面所列举的80/20问题。为了找到问题的答案，努力回忆或者写下那些真正让你感到刺激的事情，以及你在人生任何阶段所热爱从事的事情——工作、爱好、运动、每天最愉快的时刻。然后，或者从中挑选出一件事，并让这件事成为你今后生活的核心；或者找到这些事情的共同点，投入更多的时间，减少从事其他事情的时间。

1. 培养个人兴趣或者爱好，能否让我更加享受生活？我的兴趣和爱好，能否发展成为一份事业？

2. 有一部分时间虽然比较短暂，但是它真的让我感到刺激。我能否从这一小部分时间里，挖掘出我的事业来呢？

3. 为了触动灵感，我可以问自己哪些问题呢？

比如，当我意识到自己热衷于唤起人们的热情时，我的人生就出现了转折点。我乐于唤起人们的积极性：让一个人，大多数情况下是一群人，投入到我认为自己很强的一个话题或者因素上来。这就是我之所以把大部分时间花费在写书、演讲或者与朋友谈天说地上面的原因。我的观点往往能让周围的人兴奋不已。没有一份标准的工作，让我专职从事于调动人们的积极性——然而正是这一点的内在意义让我最为沉醉；也正是这一点，我才能够干得很好，生活更加丰富、满足。同样，我获得了事半功倍的成果。现在我坚守一条简单的决策原则：如果有人让我做一件事，而它与调动积极性没有任何关系的话，那么我会拒绝。

对你来讲呢？

不要管理时间，要引爆时间革命

不要试图"管理"你的时间。

当你感到自己缺少某些东西时，比方说金钱，你就会去管理它。但是我们并不缺少时间。我们所缺少的东西可能是想法、自信或者常识，但绝不是时间。我们所真正缺少的，是那些静止的、无比珍贵的时刻。这些时刻里，我们感到全身心的快乐，富有无穷的创意。

时间管理总会让你加速前行。它允诺我们更多的自由时间、轻松时间，但是却往往无法实现这一承诺。这一承诺，往往只是一根胡萝卜，让我们加速前进；而我们就像那头驴子，拼命地往前跑，却总是离那根胡萝卜几英寸远。在当今快节奏的社会里，工作时间变得更长了，而乐趣却越来越少，压力也变得越来越大。我们就像那头驴子，被愚弄、操控。时间管理，是让我们付出更多而轻松更少。

而时间革命却恰恰相反。我们的时间那么多，而不是那么少。

因为我们浪费了那么多的时间。

> 为了引爆时间革命，把速度降下来！停止焦虑，做更少的事情。抛弃"必做之事"列表，代之以"不做之事"列表。

做得更少，想得更多。仔细思考那些真正烦扰你的事情。停止任何没有价值、让你感到不愉快的事情。让你的生活变得有滋有味起来！

现代生活节奏之快，让人有些失控。科技发展并非意味着自由时间的增加，却可能恰恰相反。正如西奥多·泽尔丁所说：

> 科技就是心跳加速器，它压缩了家务劳动，缩短了旅行，减少了娱乐，却把更多的事情压缩进条条框框。没有人预想到科技会创造出这样一种感觉：生活的脚步太快了。

与加速的潮流逆流而动吧。打破传统，不惜违背常理！净化你的日记！扔掉你的手机！停止参加那些无聊的会议和聚会！把时间留给自己和你所关心的人。

时间革命

和许多人一样，我尊敬沃伦·巴菲特——整个星球上财富排名第二位的投资人。但是我所尊敬的不是他的商业机敏，也不是他的财富，而是他对待时间的不拘一格。

他负责经营全美国最大、资产最多的企业帝国。但是他为此而匆匆了吗？他为此而忙忙碌碌了吗？绝对没有！他说他"跳着踢踏舞去工作"。一旦来到工作的地方，他"想象自己躺在那里，喷绘西斯廷教堂的屋顶"。他的工作方式，用他自己的话说是"无边无际的懒散"。很少有决定是他做出的,除非是那些极其重要的决定。放松与思考,让他能够在这些重大决策上保持正确。

在我所认识的那些人当中,谁应获得时间革命第一人的奖项呢?当属比尔·贝恩——一家非常成功的管理咨询公司的创始人与前任领导。

作为合伙人,我在这家公司待了两年。工作对于那里的每个人来讲,都是繁重而劳累的,只有一个人例外。我经常在电梯里面撞见比尔。他的穿着总是那么整洁。每次碰到他,他不是正要走进办公室,就是正要离开,有时还穿着一身干净的网球装。所有的关键决策,都要比尔制定;比尔挣了大钱,可是他所花费的时间和努力却那么少。

管理咨询是一项艰苦的劳动。然而吉姆,我的一个朋友及合伙人,同样打破了常规。我们第一次一起工作,是在一家干净、狭促的办公室里,充满了噪音与吵闹声。每个人走来走去,忙得不可开交。只有一个人例外,那就是吉姆。他就坐在那里,平和地审视他的日程表,无精打采地划掉一些日程安排。

克里斯是另一名咨询员,也是一名时间革命家。他销售掉了数百万美元的分配额度。而且团队里的人都很爱他。他总是很早就上班,很晚才离去。但是团队里的人可并不就此认为他工作时间长。按照常规,克里斯每天下午都会英明地度过他的时间。他或者去打高尔夫、网球,或者在跑道跑步,或者延长午饭时间。每个人都想当然地以为他在陪客户。有一次我责问他,他说自己是在遵守80/20法则,用更少的精力去收获更多的成果。我必须承认,他是正确的。

把握现在

把握现在时刻是最为关键的。不要生活在过去或者未来中。不要担心过去和未来。以少求多吧——把你的精力集中在现在,并从中获得乐趣。

时间不会耗尽，也不会跳来跳去。就像钟表所显示的那样，时间是在轮回。你过去感到享受的时间，还在那里。我们的成就与良好的事迹，也仍然存留。不论未来长短，现在都是真实而又珍贵的。我们会为过去感到骄傲，为将来保留希望，但是我们所生活的，我们能够把握的只有现在。

> 80/20的时间观让我们更加轻松、"紧密"。轻松，因为时间消逝，但是时间并非耗竭；紧密，因为我们更清楚现在所发生的事情，更加在意周围的人。

现在，我们拥有一份生命里最为珍贵的礼物，我们要享受它，感觉它。生命的每一分钟、每一刻，都是一种不朽，印在每个人的人生经历上。时间静止时，我们完全沉醉于现在。我们就是一切，我们又什么都不是。时间飞快地消逝，时间又是一种永恒。我们都很高兴，因为生命是有意义的。我们就是时间的一部分，同样我们也游离在时间之外。

时间革命，能让你在短时间内拥有更长的快乐。当你眼前的这一刻有了意义，你的时间便成为天衣无缝的整体，不张扬、不显眼，但是却充满无限价值。匆匆忙忙结束了，焦虑不见了，幸福感却在增加。不需要时间，我们就能够获得全身心的快乐。当我们与生命、宇宙保持和谐时，我们便跳出了时间的条条框框，达到了一种最高的境界，最高的以少求多的境界。

改进生活中的核心成分

现在，应该过渡到第二部分了。在第二部分，我们要把少即是多、以少求多的原理应用于生活的五个方面：

- ☐ 你自己。
- ☐ 工作与成功。
- ☐ 金钱。
- ☐ 人际关系。
- ☐ 简单、快乐的生活。

在每一方面，我们都要学会集中精力，这样才能事半功倍。同样，这一部分也会教给你如何改善生活——摆脱掉由繁重而乏味的工作带给你的疲劳与压力，学会享受事半功倍。

我们所一直强调的重点，在于改善生活的实际步骤。在第三部分，你和我还将共同把握这一重点，将它贯穿到最后的结论，制订出个人的行动计划，让我们在现代社会里幸福生活，平和而优雅地摆脱掉那些乏味的不幸。

第二部分
生存与生活
LIVING THE 80/20 WAY

4

聚焦于你最重要的20%

相对于年轻时代，我现在更有能量，因为我清楚地知道自己想要什么。

——美国芭蕾舞大师 乔治·巴兰钦

12岁时，史蒂文·斯皮尔伯格决心当一名电影导演。5年之后，他访问了环球影业公司。这个只有17岁的男孩，巧妙地避开了常规。他没有去学习电影的制作过程，而是闯入环球影业公司的编导部门，直接对部门经理描述了他所要拍摄的电影。

第二天，斯皮尔伯格穿上西装，夹上他父亲的公文包，还在里面放了两块糖和一块三明治，雄赳赳地穿过环球影业公司的大门。他把一辆废弃的拖车纳为己用，并在车门上挂上了"史蒂文·斯皮尔伯格，导演"的牌子。他成了公司固定的一员，与导演、制片人、作家以及编导们混在一起，汲取他们的想法，观察他们的一言一行。

在他20岁的时候，斯皮尔伯格向环球影业公司展示了他所拍摄的一部短片。凭借这部短片，他获得了一份7年的合约，负责执导一部电视系列剧。随后，你能想象得到，他取得了一连串的成功，其中包括《ET外星人》——这部史上票房收入最高的影片。

> 集中精力——斯皮尔伯格正是如此。

精力集中，是所有个人能力、快乐与成功的秘诀。倾注精力于少数事情上，意味着做得更少，烦扰更少。倾注精力，能够让你事半功倍，以少求多。很少有人能够做到这一点，但是，要做到精力集中却并不困难。倾注精力能够让你延展个性，做更好的自己。

你是谁？你要成为怎样的人

生活最大的奥秘在于人类的本性与独特性。上帝造人时，为我们每个人都赋予了与众不同的个性，而动物则并不具备这一特征。与黑猩猩相比，人类有98%的基因都与之相同，而另外的2%使人类发生了本质的变化。

基因，并没有完全让人类屈服。神话故事、思想、音乐、科学以及文化的产生，思考、交流等活动，让人类超越了遗传基因的限制。人类具有了不同寻常的意义。

而人类的命运，归根结底在于个性不同——挖掘并实现个人不同的潜质。造物主让我们每个人与众不同；而每一个人的能力，也是不可预见的。

> 个性，意味着区别。要想有别于他人，就要整理、精简与集中精力。倾注精力于自己真正独特的那部分，让你具有不同的意义。

真的，每个人都不是空白的石板。我们的基因决定了不同的面孔，也决定我们在其他许多方面的不同。随着年龄慢慢增长，父母与家人对我们的言行、举止与思想，甚至价值观都会产生影响。老师、朋友、牧师、老板以及同事，也会潜移默化地影响我们。而社会习俗、观念，以及我们所生长的环境，更会在我们身上留下烙印，甚至动摇一些观念。

然而，将上述这些因素统统概括进来之后，还有一些因素被遗留在外：那些被称为"自我"的珍贵的、奇特的东西，我们独特的身份与自主权。不论其他因素影响多大，我们总是具备自己的个性。在整个星球上，与你一模一样的人根本就不存在。不论从大的方面还是从小的方面来看，我们注定要影响世界，让世界因为你和我的存在而变得不同。

> 精简，让每个人不同。少，即是多。

一个绝妙的机会就摆在我们面前：去掉那些不可信的、并非真正属于"我们"的东西——家庭背景、父母以及环境刻在我们身上的东西。

内在的、真实的自我，虽然只是全部自我的一小部分，但却是最为重要的一小部分。我们拥有特别的才能、独特的想象力以及一点点天赋——那些统统是我们生命的火花。

当我们集中精力做出自我的时候，其他很多人在做的事情对我们而言就不值得一提了，我们也不再在乎别人的想法。这是一种失去吗？

从量上来看，是的；但从质上来看，不是。从质上来讲，少即是多。通过集中注意力，我们能够更加深入、透彻地研究问题。在最为擅长的领域倾注注意力，并认真投入，我们就能更加彰显自我，更加个性化。集中能量、奇思妙想与才华去感受生活，才能让生活充满意义,才能让生活真正地属于你自己。

开发个人的独特性是一个自觉的过程。在这个过程中要认清自己,认清楚你是谁,不是谁;你要成为什么样的人,不要成为什么样的人。经过深思熟虑,我们变得更加独特;我们找到了自己的不同之处,也就找到了自己的优势。

集中精力、彰显个性,让生活更加轻松

许多人一生都浑浑噩噩,看不清自己的方向;碌碌无为,对生活也不抱太大希望。他们认为,这就是最为轻松的生活方式。是这样吗?他们是否低估了自己?

发掘一个人内在真实的自我——个人最重要、最优秀的一部分,这绝对不难,也并非违背自然。真正地成为自己,你就会放弃很多不是你的本性所要的东西。你不再演戏,不再伪装,不再对自己本来很讨厌的东西感兴趣。你不再担心其他人会怎样看你。怎样才能更轻松?怎样才能获得更多的回报?什么能够为你的生活充电?

现代生活为我们带来了太多压力。我们要努力追赶太多的东西。不计其数的琐碎事情需要我们去选择与决策。太繁琐了!问题太多了!相比之下,仅仅对少数重大决策进行抉择,不是要轻松得多吗?

> 艾米·哈里斯曾经戏谑地说:"修女们不用赶时髦。"

我们也不可能去真心关心太多的人、太多的事。我们不可能一次对太多的人、太多的事情倾注全力。

通过对少数重大问题的思索,你的生活会变得更加轻松:

- ☐ 你最关心谁？你最关心什么？
- ☐ 你是什么样的人？你要成为什么样的人？
- ☐ 你最为坚定的个性、情感与能力是什么？
- ☐ 你是否愿意为某个人承诺一生？他（或者她）是谁？
- ☐ 你是否要孩子？
- ☐ 你想要获取声望么？哪个方面的？
- ☐ 你想按自己的条件为自己打工么？在哪一方面？
- ☐ 你是否想做一些引人注目、乐于助人的事情？
- ☐ 你是否想要拥有一间瀑布旁边的茅草房？
- ☐ 哪些事情浪费了你很多能量，却不会给你带来快乐？

每个问题都是排他性的，你只能给一个答案。它们能让你的生活变得轻松，让你不再为一些问题而犯愁，帮你剔除冗余、集中精力。你把精力都放在那些事情上了吗？你的个人精力是否集中呢？

如果你试图回答以上问题，你可以大胆地向你的好朋友或者导师、顾问寻求帮助。这些人是你的亲友团——在发掘自己的优势与特长之前，大多数人都需要其他人的支持与帮助。

> 不论你认为自己能行还是不行，你都没错。

集中精力，可以减轻顾虑与担心，增加信心和能力。正如莎士比亚在《以牙还牙》（译者注：也译为《量罪记》）中所写：

> 疑虑是背叛者，
> 让我们害怕尝试，
> 注定得到的好处也会失去。

在每个人的潜意识与情感中，都蕴藏着巨大的能量，亟待开发。潜意识是一部友好而真诚的私人电脑。它总是开着，总是在运转。

当你进退维谷时，潜意识能够激发起你丰富的脑力，为自己带来平和、愉快。就像一台私人电脑，潜意识耗费很少的能量和成本，却让你收获颇丰。

有多少次，当你牵着小狗散步时，当你晨起刷牙时，当你沉思或者静坐长椅时，突然之间——哇！找到了！有了！在意识面对问题无能为力时，你的潜意识可以发挥作用，为你带来需要的答案。

> 潜意识是有选择性的。当你为一个问题所困扰时，它开始记笔记；它不会混淆问题，也不会避重就轻；当你集中精力于一个问题时，潜意识开始最有效率的工作。少即是多。

集中精力、彰显个性，让我们更加快乐

快乐，并不是外在的；快乐萌动在我们内心。是主观意念、情感，以及对自己的看法，带来快乐或者不快乐的感觉。如果你认为自己很棒，对自己充满信心，那你还会不快乐吗？

在酒精、药品、奉承、权力、金钱、谎言的作用下，虚荣心有时会得到满足。但是最为可靠而持久的自尊心，却是靠改进自我、丰富自我而取得的。积极的、合理的自我形象要建立在彰显个性的基础上：对"我是谁"、"我为什么这样生活"等问题有内在的、真实的认识。无止境的消费并不能取得长久的快乐。积极地参与到价值创造过程中，快乐才会随之而来。集中精力，做好事情，享受过程，并以此为傲——快乐就会在其中滋生；快乐需要开发，需要彰显你的个性。

在你真正感兴趣、真正擅长的领域集中精力，不会令你烦恼，

只会令你体悟到更多的乐趣。做到最好，也会变得相对容易起来。

> 关于生活，有一件事情很奇妙——如果你只接受最好的事物，那么最好的事物将不期而至。
>
> ——萨默塞特·毛姆

丰富的情感会充实你的内心，点亮你自己。这种情感来自关爱，来自眼光的凝聚，来自持续的梦想，来自内在的创造激情。

舞跳得棒、爱情甜美、孩子管教有方、高尔夫球技精湛、厨艺精通、勤学好问、电影拍得精彩——生活充满灵感，让我们快乐。彰显个性、集中精力，让我们快乐。

集中精力，改进自己的80/20法则

下面介绍3个步骤，让你极大幅度地改善你的生活：

- 第一步：集中精力于你的80/20目的地——你想要的所在。
- 第二步：发掘80/20路径——抵达目的地的最佳路径。
- 第三步：实施80/20行动——最关键的步骤。

● **第一步：集中精力于你的80/20目的地**

目的地，就是你想要的所在，你内心想要抵达的地方。"目的地"的含义是：

- 你人生的目标、梦想、目的——你想要实现的东西。
- 你想要的所在——你欲与之相处的人群、你要成为的人、你想要的经历、你想要的生活。
- 你内心里真正想要到达的地方——最适合你、最能表达你自

己的生活方式。

运用集中精力法则，想要事半功倍，你就必须认真思考，想清楚最适合你的、独特的、个性的目的地在哪里。为了快乐，每个人都要找寻自己的80/20目的地。这个目的地为你排除大量细小琐碎的烦扰之事，明确与自己命运最为息息相关的重大目标。集中精力于80/20目的地的含义，在于解除每个人对于"以少求多"的迷惑。哪几个重大的特征或者结果，能让我们自己最为快乐？哪几项品质对我们来讲至关重要，可以让我们集中精力于其中，而不再担心其他？

> 在大量可供选择的目的地之中，80/20目的地仅是其中非常小的一部分；但对于个人品质与所要实现的愿望来讲，却是最重要、最核心的部分。

当你真正集中精力于你的80/20法则时，会发生什么？——你真的能以少求多。当你把精力浪费在大量琐碎的问题上时，你的生活方式就需要变化；如果你具备慧眼，就能够找到那几个真正困扰着你的问题，你的人生需要一个目的地，你要为自己的人生找到意义。

因此，你想要成为什么样的人？你要成为谁？如果你抛开所有伪装，不再扮演其他人的角色，你会问自己：真正的内在自我是怎样的？我最佳的20%在哪里？

回答上述问题的一个好方法，就是明确你自己的20%峰值。下面以我的好朋友史蒂夫为例，他在开普敦的一家餐馆担任经理。

如图5所示，在兴趣与技巧方面，史蒂夫的20%峰值为：娱乐、热情、摇滚、开办公司、教学、理解他人、口才。他绝对适合开办和经营不落俗套的餐馆。

图6显示了史蒂夫在情感与个人特性方面的20%峰值：激发领导力、团队合作精神、真诚与正直、充满生活情趣。

利用下面的图7和图8，绘制出属于你自己的20%峰值。

针对所列举出来的每一项特征，你认为自己属于哪个档次，就在那里点一个点，然后用线把这些点连起来。

"我想在酒店行业树立自己的声望，"史蒂夫自己说，"不光在开普敦，也不仅仅是在南非，而是在全世界。我把自己的一生许诺给特蕾西，还有我的孩子们。我想他们在我的关爱中成长，过上幸福快乐的生活。除了开办新的餐馆之外，我还乐于把自己的手艺传授于人，这样他们也能在自己的岗位上干得出色。我还在努力学习经营餐馆的技巧，并将保持这种学习的精神。"

"没有别的事情了？"我问道，"你真正关心的？"

"就这些。"他回答说。

史蒂夫清楚自己的80/20目的地。

你呢？你是否能够精简出自己的目的，找到你内心里真正关心的问题？如果你能，你就能够收到事半功倍的效果。

尝试一下填写下面的表格。

我的80/20目的地在于：

_____

_____

_____

_____

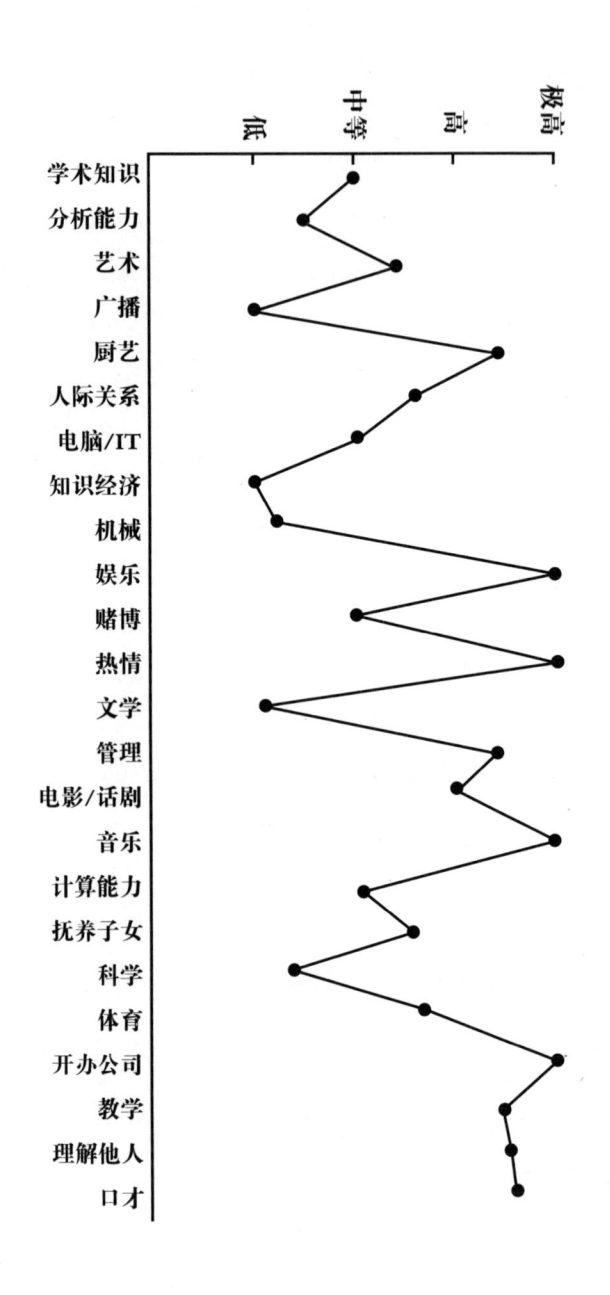

兴趣/技巧	低	中等	高	极高
学术知识			●	
分析能力		●		
艺术			●	
广播	●			
厨艺			●	
人际关系		●		
电脑/IT		●		
知识经济	●			
机械	●			
娱乐			●	
赌博		●		
热情			●	
文学	●			
管理			●	
电影/话剧		●		
音乐			●	
计算能力		●		
抚养子女		●		
科学	●			
体育		●		
开办公司				●
教学				●
理解他人				●
口才			●	

图5 史蒂夫的兴趣与技巧——20%峰值

>>> 4 聚焦于你最重要的20%

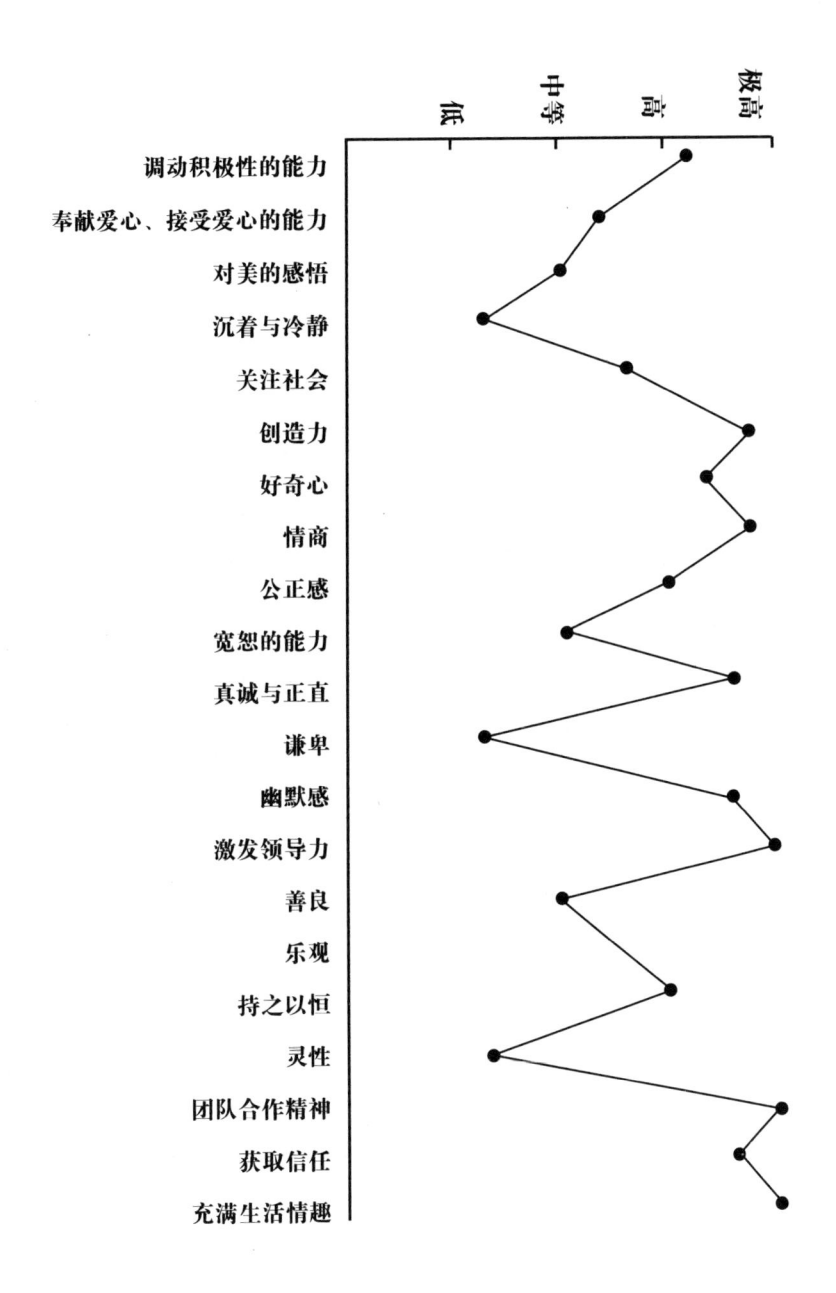

特性	低	中等	高	极高
调动积极性的能力				●
奉献爱心、接受爱心的能力			●	
对美的感悟		●		
沉着与冷静	●			
关注社会		●		
创造力			●	
好奇心			●	
情商			●	
公正感		●		
宽恕的能力	●			
真诚与正直			●	
谦卑	●			
幽默感			●	
激发领导力				●
善良		●		
乐观			●	
持之以恒		●		
灵性	●			
团队合作精神				●
获取信任			●	
充满生活情趣			●	

图6 史蒂夫的情感与特性——20%峰值

~ 53 ~

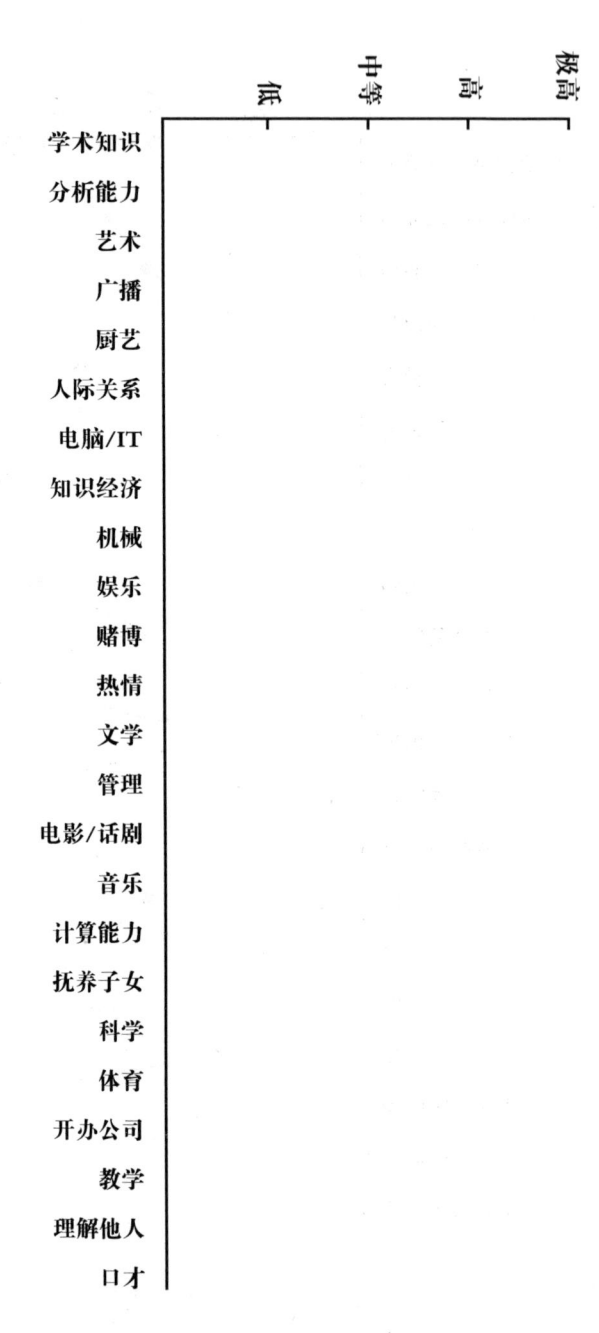

	低	中等	高	极高
学术知识				
分析能力				
艺术				
广播				
厨艺				
人际关系				
电脑/IT				
知识经济				
机械				
娱乐				
赌博				
热情				
文学				
管理				
电影/话剧				
音乐				
计算能力				
抚养子女				
科学				
体育				
开办公司				
教学				
理解他人				
口才				

图7　你的兴趣与技巧——20%峰值

>>> 4 聚焦于你最重要的20%

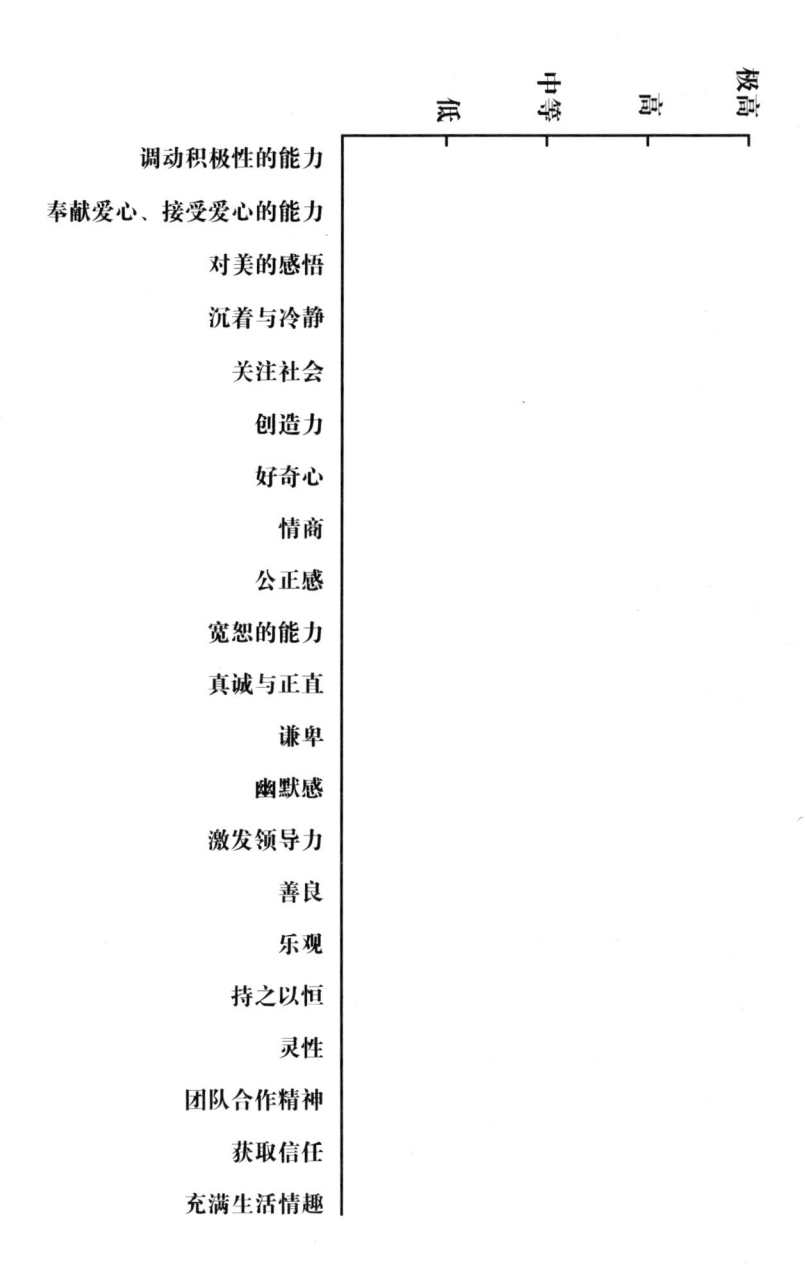

	低	中等	高	极高
调动积极性的能力				
奉献爱心、接受爱心的能力				
对美的感悟				
沉着与冷静				
关注社会				
创造力				
好奇心				
情商				
公正感				
宽恕的能力				
真诚与正直				
谦卑				
幽默感				
激发领导力				
善良				
乐观				
持之以恒				
灵性				
团队合作精神				
获取信任				
充满生活情趣				

图8 你的情感与特性——20%峰值

~ 55 ~

接着回答下面的问题：

☐ 80/20法则能否表达出你内心的真正愿望？反映你真正关心的东西？

☐ 它能否反映你的个性？是你独一无二的？

☐ 它能否发挥你的天赋，表达你的情感？

☐ 它能否让你集中精力？你是否不再对其他许多事情浪费精力？它是否能够让你忘掉那些最近占用你大量精力的目标？

☐ 它是否足够短？你是不是总能记住它？

☐ 它能否让你感到兴奋？是否是你一生的梦想？

其中最为重要的一个就是：

☐ 追求这一目的，能否让你事半功倍？

● 第二步：发掘80/20路径

实现你自己的80/20目的地的最佳、最简单的路径是什么？要了解自己的真正愿望。在削减工作量的同时，怎样去大幅改善你的生活质量呢？

☐ 条条大路通罗马。通常，实现同一目的有多种不同的方法。

☐ 大量的方法，都不能够与少数几种相比。这几种80/20路径，才是最为有效、最为简单的。

☐ 总是存在着简单有效的方法，使你能够用较少的精力、时间、金钱与烦扰，换取更多的收益。而我们只需要找到这种方法。

☐ 也许，其他人已经找到了属于自己的路径；也许，他们的路径和你的相似。哪个人的目标与你的80/20目的地相似，而他又成功地实现了这一目标呢？他们又是怎样做到这一点的呢？

☐ 选择路径，完全是私人问题。选择最适合你自己的那条路。

>>> 4 聚焦于你最重要的20%

■ 如果你能够获得同事的帮助，发掘路径的过程将变得更加轻松。仔细思考与回忆：哪个人能够推你一把？

> 快速检测出你是否找到了80/20路径的方法如下：
> 这一路径是否让你事半功倍？它是否有效，而且简单易行？只有兼具这两点，才能真正大幅度提高你的生活质量。

以路径一词的字面意思打个比方，假设你的目的地是位于伦敦的帕丁顿火车站，而你居住在伦敦市东，离一个地铁站很近。散步虽然是你的最爱，但是这种方法显然不合实际——你距离帕丁顿火车站有6英里远，而且要尽快到达。看了看地铁站的地图，你打算从你所在地出发，沿着中央地铁线直接坐地铁到诺丁山换乘站，然后改乘环线前往帕丁顿。路线精巧，没有问题！

然而，如果你想要找到80/20路径——那条更快更省钱的路径，该怎么做呢？试试这样！在诺丁山站的前两站——兰开斯特站下车，走路前往帕丁顿。你尽可以放松地散步过去，也要不了5分钟。你节约了4站，而且不用花时间换乘环线、等待地铁。显然，80/20路径更加简单、轻松，也更节约时间。这就是事半功倍！

或者假设你位于西班牙南部，需要立刻由圣·佩德罗前往塞维利亚。全程沿岸开车需要三个小时。作为司机，你胆子比较小，认路本领也不高。首先是一段山路通往朗达，长为30英里，路上险弯颇多；接下来就会出现很多岔路口，通往塞维利亚的路线难以辨认。你战战兢兢地出发了。

但是，如果你遵守80/20路径，又会怎样？你会渴望事半功倍——寻找更简单、更省时的方法。尽管你可能会因此而多花费几分钟宝贵的时间，但是你还是会首先查阅地图，并一路上向加油站的收费人员打探。可能会为此而付出一点点小费，但是你却能够一直沿着高速公路前往马拉加，然后驶上另一条高速公路到塞维利亚。

~ 57 ~

就这样，一共才花多长时间？两个小时，如果你行车速度比较快的话。路线够清楚吗？即使由你的老祖母驾车，也不会迷路吧？你会发现：高速公路标记清晰，甚至没有收费站——西班牙人讨厌停车交费。

> 只需花费一点点时间思考，你就会发现更快、更简单的路线。这就是事半功倍！

选择路线之前，切记要保持清醒，牢记自己的目标。还是以前往塞维利亚为例，如果你时间充裕，喜欢开辟路线、自己摸索，并且乐于欣赏沿途景色，那你的最佳路线就会发生变化。如果如我所述，你将会选择山路前往朗达，这对你来讲才是事半功倍——更多的乐趣、更短的距离、更小的成本，以及更美妙的风景。

"目的地"不仅仅是塞维利亚，也是前往塞维利亚过程中的乐趣。这样，生活变得充实而快乐。你需要非常清楚，哪些目标是你要实现的，哪些目标不是你要实现的。这一点很重要，同样重要、甚至更为重要的一点是：你要知晓自己想怎样生活，不想怎样生活；你自己想成为怎样的人，不想成为怎样的人。

当然了，我以旅行为例，未免有些微不足道。这只是两个简单易记的例子，帮你认识80/20路径，而并非是要对你说你的旅行方案不够好，你也大可不必为自己的旅行方案而感到焦虑。但是，考虑到你的80/20核心目的地时，你却有必要深思熟虑，为自己设计出更佳、更简单的方案。在这一点上，你必须事半功倍。这与找到自己的20%峰值，有些异曲同工之意。怎样才能做到这一点呢？

回到史蒂夫的案例上来。他是否发现了80/20路径呢？

"我有一个起点。"他告诉我说，"在海外我有一位支持者，两年前帮我开了这家餐馆。去年，这家餐馆在开普敦餐饮业竞赛中胜出，每个人都会认为这是一个时髦之所。但是我还想要在南非开连锁店，然后再延伸到海外。第一步，就是在约翰内斯堡开一个分店。为了这个计划，我需要找到另外一位支持者，而且就快谈成功了。接下来，我要在约翰内斯堡实现我的梦想。"

"那么，在这个方案中，就没有别的更加重要的事情了？"我问道。

"有一件。"史蒂夫说道，"我需要一位来自美洲、非洲或者澳洲的指导者。为了更好地发展事业，我需要找到一位比我更加擅长经营餐馆的人，获得他的帮助与激励。到目前，我还没有找到这样一个人，但是在今年，这是一件大事。"

> 对于你最佳的20%来讲，什么是80/20路径？

可行的路径总是有很多。而80/20路径是通往目的地最佳、最快、最充满乐趣、最轻松、也最为有效的那条。哦，问题也就出在这里——在目前，也许你最不愿意遵循的就是这条路径；也许，这条路径正是你连想都不愿意想的。

为什么？因为80/20路径，就像80/20法则一样，要违背你做事的天性。这条路径之所以能够为你提供最佳的解决方法，就是因为它不是显而易见的；而我们已经习惯于100%依赖自己的经验去解决问题。凭着天性去选，我们一定会选择那条以多求多的路径。挑战在于，我们的目的是以少求多、事半功倍；我们要开辟一条新路。

因此，在根据你自己最佳的20%选择适合你自己的80/20路径时，尝试一下回答以下稍显古怪的问题：

☐ *为了抵达你的80/20目的地，通常你会怎样做？* 这不是正确答案——相反，这与你判断80/20路径的标准大相径庭。除非你运用魔法，创造出一条远远胜过通常答案的路径，否则，你还没有真正找到80/20路径。

□ 现在，扪心自问，为了追求似乎不合逻辑的以少求多，你将怎样显著改进你通常的答案？

□ 把改进分成两个过程。第一，怎样寻求更多？哪条路对你来讲更佳？怎样才能感到更多乐趣？如何才能更快抵达80/20目的地？尝试头脑风暴，倾你全部能力去想象、发挥。如果你感到力不从心，问问你的朋友——别人的问题总是看起来比较简单？第二，问自己，如何才能把路径变得轻松、简单。尽可以异想天开！

□ 接下来，将两者结合起来，直到你可以大幅度提高效率，获得事半功倍。即便你自己对结果仍不确定，你也尽可以放心大胆地去尝试。如果失败了，那么你就返回到第二步——即便反复，你仍然在进步。

> 如果你仍然感到迷茫，那么返回到发掘你的20%峰值阶段。找到你最擅长做的事情，那些让你自然而然就接受的事情。这些事会为你提供线索，帮你找到事半功倍的方法。

比如，在我年轻时，成为一名成功的、高收入的咨询经理就是我的80/20目的地。为此，我所选择的第一条路径看起来是那么的前途无量：我在全美国最具增长潜力、最棒的公司——波士顿咨询公司（BCG）——寻了一份职业。不幸的是（后来证明还是很快乐的），尽管我的客户看起来都很喜欢我，但是我的老板却不这样。就在我准备辞职的时候，老板把我炒了鱿鱼。

我为自己开辟的第二条路，就是进入贝恩咨询公司——BCG的控股子公司。由于第一次的失败经历，这一次我要战胜自己，纠正自己的错误做法：懒惰的工作方式、独立的工作精神、不敬重上司的态度以及轻率的名声。我下定决心拼命工作，拍老板的马屁，并让周围的人看到我严肃认真、积极上进的一面。这一次我不能失败，我要用事实证明，那帮BCG的家伙们对我的评价是错误的。

> > > 4 聚焦于你最重要的20%

这种做法对吗？也对，也不对；应一分为二地看问题。贝恩公司的确是个不错的选择。这家公司不仅纪律严明，而且特别关注那些最能为公司带来利益的客户，它的发展速度甚至超过了BCG。在贝恩公司，无须天才之能，只需努力工作，就能像我一样很快被提升为初级合伙人。我把自己叛逆的一面隐藏了起来，准备告诉大家，我是公司忠诚的一员，是团队里的忠诚伙伴。

我正朝着80/20法则前进，而且进展得还不错；但是有一天，我停下来思考：我自己在做什么？我真的是在沿着80/20路径前进吗？

显然不是。完成贝恩公司的任务，是我在以多求多。更大的成功、更感兴趣的工作、更富有责任感、更加有钱。很好。但是，这笔交易也让我自己付出了很多：更加紧张的工作、更长的工作时间、不加思考地献身于工作与公司、更加世俗、更多焦虑、对老板唯命是从、四处奔波、更加劳累。对于一个寻求事半功倍的人来讲，这种做法恰恰是南辕北辙。

我的20%峰值在哪里？我真正运用这些峰值了吗？啊，答案是没有。我的优势在于富有创意的想法，出其不意的洞察力，敏锐的观察力，以及告诉客户该怎样赚钱。我的劣势在于一成不变地辛勤工作（我是名短跑选手，对于长跑可不在行），只是看起来勇敢、认真；我不那么自律，对于如何管理他人更是一塌糊涂。贝恩公司对我来讲是一个不错的地方吗？不完全是。我的自律能力不够强，对于公司也不够忠心耿耿。要达到贝恩公司的要求，我会不会感到压力很大呢？答案是显而易见的。

我一下子想到，自己已经赚够了钱，应该生活得更加轻松一些，彻底扔下咨询管理公司的工作。但是，这是以少求少：更少的工作量、更小的压力和约束，但是同样，薪水和工作的乐趣也更少了。我还没有达到自己的80/20目的地，我还想证明自己有能力实现这一目标。除此之外，我自己还坚信事半功倍的路径是存在的。

那么，怎样才能找到事半功倍的路径呢？我到底需要什么？

~61~

我想减少焦虑，也不愿意刻意迎合别人；我不要那么频繁出差，不要那么紧张地工作；要减少行政职责，不想压抑自己的天性；老板越少越好（最好不要老板）。我想要的工作是：有趣的客户、更加自由独立、更多时间陪伴家人和朋友、选择志同道合的同事，同样——让我坦白地说——赚更多钱。

列举我的这些想法和需要，就是为了解决问题。说出自己的愿望与要求的同时，80/20路径就慢慢变得清晰了。获得事半功倍的唯一办法、明确的办法，就是开创自己的公司。然而，这个想法也有不现实的地方。进一步思考，我认识到自己不想为了什么"科克"公司而承担那么多的行政管理职责，自己也没有掌控一家卓越的公司的能力。理想的80/20路径，是与其他人共同合作——找到两个20%峰值恰好与我互补的合伙人。

我坚定地相信：最具雄心的目的地和路径，同样也是最为简单的——当且仅当这个目的地或者这条路径匹配你的个性、优势与劣势时。在贝恩公司工作的过程中，我成功地改进了自己的劣势，但这种做法治标不治本。改进自己的劣势，只能让你变得普普通通。如果我们能够发挥自己的特长，也就是属于自己的20%峰值，坚持内在的真实自我，听从自己内心的呼唤，那么事半功倍就会光临我们，让我们在天空里尽情舒展、翱翔。

● 第三步：实施80/20行动

什么是80/20行动？它与我们生活中的其他行为有什么区别？下面是其3条显著特征：

☐ 80/20行动是根据你的80/20目的地和80/20路径量身定做的。

☐ 80/20行动内容很少，让你集中精力于少数几件真正让你感到快乐和幸福的事情上，让你实现事半功倍。

■ 80/20法则让你行动更少，付出更少；而收获更多，成果更多。

一旦我为自己设计好了80/20目的地（成为成功的咨询经理），也找到了80/20路径（与两位合伙人一起创办新公司）之后，80/20行动就变得非常清晰。行动的全部内容就是两步：找到合作伙伴、创立新公司！下定决心之后，我每天所做的其他事情就变成了大量的琐事；而寻找合作伙伴、创立新公司，则变成了少数大事。尽管行动具体怎样实施，还不是那么清晰，但是它们是我真正思考、关心着的中心大事。

奇妙之处就在这里：我打定主意两个月之后，我的80/20行动仍旧没有一点点起色。我不清楚自己该对哪个同事谈谈开办新公司的事情——一步走错，我就可能失业。接着，转机出现了。我打电话给伊恩·费希尔——一位同事兼朋友，探讨当时手头的项目。就在快要挂电话的时候，他不小心说漏了嘴。

"吉姆和兰恩（另外两位初级经理）最近有些古怪。我们倒是没有认真探讨过这个话题。但是他们特意跑了一趟波士顿（贝恩公司的总部）。"

"发生什么事情了，伊恩？"

"我不能告诉你，理查德。但是事情有点古怪，甚至有些糟糕。"

"你不能告诉我，是什么意思？我们之间同事的关系很好啊。而且我还是你的老板。"

"比尔·贝恩让我发誓，不告诉任何人的。"

（我，大胆地猜了一句）"他们辞职了？"

一阵沉默。停顿很长时间之后，"是你说的。可不是我说的。"

吉姆·劳伦斯的电话无人接听，而兰恩·埃文的电话已经停止服务。我跳上自行车，沿着泰晤士河的小路，一路赶往兰恩位于丘郡的家。原来，他们几个人正躲在这里商量的时候被比尔·贝恩意外地撞见了。他们是要成立一家新公司吗？是的。我能够成为他们的合伙人吗？也许吧。是的。

机遇，让我实现了80/20行动。真的是机遇吗？

在保罗·科尔贺的畅销小说《牧羊少年的奇幻之旅》中，有一句话发人深省：

> 你要获得某样东西时，整个宇宙都会与你共谋，帮助你实现目的。

我想，他说得很对：当你明确自己的80/20目的地，清楚80/20路径时，机遇就会出现，为你昭示正确的前进方向。但是，有一条非常关键：你要真正明确自己的目的地。

如果我不明确自己的80/20目的地，也不清楚80/20路径，那么对于伊恩·费希尔含含糊糊的话语，我就不会那么敏感，也不会猜到究竟发生了什么事情，我更加不会——几乎就是一种冲动——跳上自行车（路途很远，而且那天早上我本来还有别的计划）。我仍然需要付出行动，但是这种行动更加简单轻松了，因为我满脑子想的都是正确的、合适的行动。

> 行动，并非一定要预先策划好；意愿，却必须事先想明。接受突发事件，并把握机会，也是80/20方式的一部分。

最后，如果你始终没有实施80/20行动，那么你的生活不会发生任何改变。如果你实施了80/20行动，那么你的付出会越来越少，你的快乐则会成倍增加。

充分彰显你的个性。没有人能够与你相媲美。集中精力于自己最棒的那几点，事情将变得越来越简单。找出改变生活方式的路径，你就能以更少的辛劳和焦虑收获更多的回报。接下来，行动！上天会为你创造机会，把握住自己的好运气！当内在的真实自我呈现在你面前时，你要接受它，顺从它，你将变得与众不同！你的人生将会实现很高的价值——当然，也会非常幸福！

5

享受工作与成功

辛勤工作的确从未致人于死，但是我很奇怪，为什么还是有人愿意尝试呢？

——美国前总统　罗纳德·里根

你是否还记得伍迪·艾伦执导的电影《开罗的紫玫瑰》？米亚·法罗正坐在观众席中，观看她最喜爱的电影。丹尼尔斯因为厌倦了在电影里一遍又一遍地重复台词，于是突然从屏幕上蹦了下来，闯到了电影院中。他挟持米亚·法罗离开，两人陷入了一段传奇式的爱情。

我想，成功的秘密就在这里。我不是指挟持米亚·法罗，我指的是在生活的现实面目与本来面目之间转换的能力，指的是创意、想象力或者激情——并付诸实践。现实生活中，一切都是别人为你设计好了生活方式，你只能按部就班，接受责任和义务。抛开这个世界吧，进入一个全新的世界，一个你想象中的世界。把繁重的工作统统抛开，享受人类的特权，用人类的智慧和创造力，游走于现实的世界与脑中的世界，思考、联想、创造、享受。

其他的动物也可以努力工作，但只有人类，可以努力思考。其他的动物是进化的产物，人类也是；但是人类有能力改变自己的命运，甚至改变现实的世界，让它变得更加美好。整座现代文明大厦，不是建立在苦工、劳力、竞争或者繁重工作的基础上，而是建立在洞察力、灵感、创新、创造力与冒险精神的基础上。首先，在我们身处的现实世界与梦想中的美妙世界之间转换角色，然后，把这种转换变成现实。

对于整个人类而言正确的东西，同样适用于个人。那些最成功的人们，并不是利用汗水和眼泪改变了世界，而是通过思想和热情。这并不是辛勤工作或者工作时间的问题，而是另一个不同视角的问题，也就是原创思想，一些能够表现个性和创造力的东西。

> 成功源自思考，然后按照这些想法行动。

所以，如果你觉得为了成功，自己必须努力工作，并做一些讨厌的事情，那么就换一下脑筋吧！难道你认为比尔·盖茨——那名以前的大学辍学生，后来的微软创始人，是通过辛勤工作成为世界首富的吗？你认为沃伦·巴菲特，这个世界上第二富有的人，最精明的投资者，他的工作非常辛苦吗？传媒巨头奥普拉·温弗莉和鲁珀特·默多克又怎样呢？这些人有何过人之处？到底是特别勤奋辛劳，还是拥有伟大的新想法呢？

再想想罗纳德·里根、约翰·肯尼迪、温思顿·丘吉尔、阿尔伯特·爱因斯坦、查尔斯·达尔文、威廉·莎士比亚、克里斯托弗·哥伦布，还有我们的耶稣基督呢？

这些巨人们并未伏案苦作，他们的共同点在于将时间分配到关系重大的事情上，只聚焦于可以施展领导才华的少数要点上。与那些辛苦工作的同时代人不同，他们在大量的琐事上面，只花费极少的精力，或者根本不浪费时间。

有两条通往成功的道路，一条比较艰难，另外一条则相对轻松。艰难的道路就是长期刻苦学习，每个星期都投入六十多个小时努力工作，几十年如一日地坚持下去，还要留意自己带给别人的印象，在组织这个金字塔里小心翼翼地往上爬。牺牲眼前的幸福生活，只为了换取将来更为快乐的生活。为了获得非凡的成果，得做一些非凡的事情，付出非凡的代价。

> 而80/20之路则相对轻松。对于每个人来讲，这条路都是开启的，甚至包括那些在教育和事业上远远落伍的人。

你需要进行一次思想跳跃：把努力从回报中分离出来。你需要聚焦于意欲得到的结果，寻找通向目标最为轻松的道路——花费最少的努力，牺牲最少的利益，获得最大的乐趣。把精力集中在无须非凡的努力就能产生非凡成果的事物上。一定要有效，但也一定要轻松。所以，首先要思考结果，然后以最少的能量获得结果：

☐ 20%的工作、努力和资源成就了80%的结果。那么，究竟是什么使得80%的产出来自20%的努力呢？或者是什么使得100%的努力可以获得400%的成果呢？通向非凡结果的平凡途径是什么呢？

☐ 80%以上的人们为了获得20%的成功而努力奋斗。但只有不足20%的人掌握着80%的成果。在你的领域，这20%究竟是什么人？他们有何过人之处？

☐ 对你而言，你对他人贡献的价值，只来自自己20%甚至更少的所为之事。那么这些极少而又极其重要的活动究竟是哪些呢？

☐ 你的成功，只源于自己20%甚至更少部分的技能和知识。那么，你能够超出他人的有价值的元素究竟是什么呢？

☐ 只有你身处环境的20%甚至更少部分，造就了你80%的成就。只有在某些特定时刻、利用某些方法、在某些人面前，你才发出耀眼光芒。那么，究竟是何时？何地？何种原因呢？

☐ 你所企望的80%部分都来自20%的战略和行动。那么，究竟是什么行动，可以全效发挥作用呢？

☐ 无论你尝试做什么事情，都有一种必为上策的途径：一条能够将20%的正常努力转换为80%成果的道路。你需反复试验，直到发觉通过某种途径，可以取得之前的4倍成效。

聪慧与懒惰

德国冯·曼施坦因将军曾经说过：

只有4种军官：

第一种，懒惰而又愚钝的军官。随他们去吧，反正不会造成伤害。

第二种，肯吃苦、又聪慧的军官。他们是很好的参谋，考虑周到，甚至不会忽视每一个细节。

第三种，肯吃苦但是很愚钝的军官。这种人很危险，要立刻开除。他们会为每一个人制造麻烦。

第四种，聪慧而又懒惰的军官。他们绝对能够胜任最高的职位。

培养懒惰的聪慧。你缺少的是聪慧，还是懒惰呢？

如果你认为自己不够聪慧——意识到这一点本身就需要你有相当的才智了，那么你就可以在某一有限领域发挥自己的知识与专业特长，用中等水平的投入换取非凡的成就。

改变你人生的80/20

> 如果你很聪慧，但是不够懒惰，不妨试一试偷懒。每件事都去尝试，只因为你有能力，但这样子只会降低你的效率。集中精力于少数真正重要的事情上，你会取得意想不到的收获。倾注你的精力于有限的事情上吧!

人们对于这一点总是将信将疑。下面就是一段典型的争论：

朋友："你一定在开玩笑吧？让我更懒一点儿？"

我："我是一本正经的。如果我每件事情都要尝试，就不可能在自己最优秀的20%上集中精力。只要花费双倍时间在具有魔力的20%上面，我的成果会更加丰硕；而浪费时间在其他80%上，却只能事倍功半。底线是：减少60%的精力，去额外收获60%的成果。"

朋友："难道我不应该把100%的精力都投入到神奇的20%上，然后让成果翻四番么？"

我："理论上不错，实际上你最终也会达到这个效果，但是要慢慢来。放弃琐碎的事情。我们的时间有限。在保证质量的前提下，我们要花费更多的时间在神奇的事情上。强迫自己慢慢集中精力。挤出更多时间，去挖掘更重要的领域，更有效率地工作。"

朋友："但是，你并不是说要真正的懒惰，不是么？"

我："有人的确很懒，比如罗纳德·里根。他仅仅聚焦于一到两个目标，因此成就非凡。有人的确非常辛勤，比如卡特总统，他的目标过多，以至于遭受失败。还有一些优秀的科学家和杰出的艺术家，为工作而着迷，热爱他们的工作。我不会奉劝他们懒惰。我所指并非真正的懒惰，而是集中时间和精力在那些重要的事情上。如果你不喜欢'懒惰'这个词，那么换成'轻松'试一下。放下一切忧虑，平静地去做那些让你开心的事情吧。"

"一个辛勤工作的人往往过于繁忙，而忽视了那些真正重要的事情。一个懒惰的人却会尽可能地减少工作量，从而集中精力于本质和要点。一个懒惰的人真正的闪光点在于，他们会充满创意和新点子，并倾注自己的精力，让这些想法变成现实。思考，通常浪费时间，有时甚至很可怕。相比之下，让自己躲在琐事之中，却没有那么可怕了。"

"对大多数人而言，创新的唯一途径，就是放慢节奏，减少工作量，抽身出来。如果你真的热爱目前所从事的工作，那你没有必要懒惰。但是如果你对目前所从事的大部分工作都不太感兴趣，那就减少工作量，保留有价值的部分，让自己心情愉快地工作。"

名人，有何不同之处

如果你想成功，那么随我看看"名人"都有哪些不同之处。我能找出他们的6个共同点：

● 名人都野心勃勃

这一点没有什么可说的。只不过他们的野心勃勃，是一种雄心壮志，并且出于自愿。

● 名人都热爱自己的事业

罗纳德·里根在一生中曾担任加利福尼亚州州长并入主白宫8年时间。顶尖作家们却总是不提此点，而喜欢从其他角度描写里根，说他是充满活力、满载着平和的愉悦或者感染力的野心勃勃的家伙。

史洛利·布隆尼克研究员对白手起家的百万富翁进行研究，发现这些人都热爱自己的工作。正是这种热爱，让他们如此出色。

> 成功的秘密在于热爱，而不在于辛勤或者教育程度！

设想，数以百万计的人在无聊地忍受着教育；数以百万计的人被关在黑暗与邪恶的城堡里，在为抠门的老板、吝啬的公司而工作。他们是否都选错了目标呢？

如果你是其中一员，高兴去吧！挣脱枷锁！发掘你所热爱的事业去吧！

如果你不是其中一员，也高兴去吧！单调的工作根本没有必要。大部分成功的企业家，根本就没有受过大学教育，甚至都没有受过高等教育。超过半数的人，能不上学就不上学了。是热爱，让他们如此成功。

热爱，也能成就你。这些成功人士的教育程度都很低，但这一点并不妨碍他们获取成功。这些人找到了自己的兴趣，找到了为他们创造价值的事业。你也一样可以。你喜欢做什么事情？这件事情能否发展为你的工作或者事业呢？

● 名人都有所侧重

名人，也不是全能的。他们有多种优势——同时也有多种劣势。这些人的劣势却无关紧要。他们能够扬长避短，集中精力发挥自己的优势以取得非凡的成就，甚至达到世界领先水平。

你的工作领域——职位、公司、部门、工作——都很重要。

如果潜在的工作或者事业的20%能够为你带来80%的潜在收益，那么你就要有所侧重。没有侧重，则只能甘于平庸。

● 名人不求多，只求精

是否有人奉劝你去涉足多个领域？千万别信！要倾注精力于一个领域。

争取成为某一前沿领域的专家。对一件事情的1%要99%地了解。与该领域所有的专家会面。看看他们的工作方式、生活方式。以他们为榜样！

● 名人思考、交流

这些人可以简明扼要地表达自己、推销自己。

这个本领是怎么学来的？学做推销员，完成销售额度。

> 推销很难，通常会遭受拒绝。推销，同样可以教会你怎样接受拒绝，面对拒绝，与不同的人打交道，并有效地沟通、交流。

什么都可以销售——汽车、高保真录音机、电脑、广告位、杂志预订……任何东西都可以。销售几个月。你将学会自我推销，这可是一项生活的核心技能。你的余生将会变得更加轻松，你将更加成功。

● 名人都有自己的成功法则

你最喜欢的喜剧演员有没有自己的成功法则？是时机、声调、所使用的工具，还是什么别的特点，让他（或她）脱颖而出？不管答案是什么，这一点都价值不菲，值得你去模仿。

这些人各自的成功法则，可不是天上掉下来的。对你也一样。多搜集一些成功法则。或者接受它们，或者黏合修改它们，或者发明你自己的成功法则。反复尝试，看看哪条能够让你事半功倍。

享受工作与成功的80/20方式

● **第一步：集中精力于你的80/20目的地**

你到底想从事业中获得什么？对你来说，事业到底意味着什么？理想中的事业是什么样的？你最为关注哪几件事情？

下面列举了一些不同的事情，对你来讲有可能很重要。

☐ 高薪。
☐ 享受工作。
☐ 安全感。
☐ 舒适、轻松的工作环境。
☐ 与朋友共事，同事也不错。
☐ 让我思考。
☐ 变化和多样性。
☐ 大方的老板。
☐ 工作时间不长，并且符合我的生活习惯。
☐ 工作方式自由。
☐ 雇主的名誉。
☐ 工作本身的威信。
☐ 油水多。
☐ 提升的前景。
☐ 为他人谋利益。
☐ 学习、培养能力的好机会。
☐ 敬佩老板或者领导的魅力。
☐ 时间自由，只要我愿意工作。
☐ 有可能在工作地点遇到人生的另一半。
☐ 我的能力与工作恰好相配。

下面空白的3条留给你，让你随意填写自己想要的东西。

❏
❏
❏

从上面挑选出对你来讲最重要的几条。

现在，记住你需要集中精力、以少求多。挑选出对你的快乐最为重要的一点、两点或者三点——理想状态是一点。你为工作而设定的80/20目的地就是这一点。如果你能够更加明确一些——"我要成为一名电影导演"、"我想当护士"、"我想成为一名咨询经理"——那就更好了！

令人感到奇怪的是，很多颇有天赋的人，没有选择最令他们自己或者他们家人感到快乐的工作和职业——至少不像选择别的工作和职业那样快乐。

在我的朋友中，我发现至少半数的人没有选对职业。他们把成功、金钱看得太重，甚至超过了对快乐、成就感的追求，忘记了职业的目的。

这些人中，大部分都很有钱。难道更多的金钱和地位所带来的快乐能够超越完成工作本身所带来的快乐？我很怀疑这一点。

另外，有一个有趣的现象。我把我的朋友分成两组：一组是热爱自己工作的人；另一组是为了金钱和成功而工作的人。就平均而言，第一组要比第二组更加富裕。为了乐趣、成就感而工作的人，反而比那些为了金钱而工作的人，能够赚更多的钱。

> 工作比娱乐本身更有乐趣。

这句话出自诺埃尔·考沃德。事实不可争辩地证明，他的话很有道理。

心理学家米哈伊·奇凯岑特米哈伊率先研究"最佳经历"领域。"最佳经历"意指那些最为快乐、连时间都停止转动的时刻。这种时刻，出现在一个人全身心地投入自己真正想要做的事情时。正如我们前面所探讨的快乐老家，你希望这一刻永远持续。

他认为，美国人从工作中收获的"最佳经历"超过了他们从娱乐时光里收获的"最佳经历"。这种最佳经历来自于自己做自己主人时的快感和积极的成就感。与一个人的优势相配的工作——能够产生明确而积极的成果的工作，能够为他带来巨大的满意感。

成功不是也不应该被看成是一个为了获得别人的承认，而不择手段追求财富和物质享受的过程。在成功这场竞技角逐中，可能除了比尔·盖茨有能力暂时获胜以外，没有人可以取得胜利。一个百万富翁的豪华消费在亿万富翁面前，就会显得微不足道。这是一场永无止境的竞争，嫉妒会摧毁善良之心，驱使我们耗尽能量，却离我们自己本身的内在需要和真实愿望越来越远。

与其他任何事情相同，成功也可以事半功倍。"质"的价值要远高于"量"，给予要比索取更能给人以满足，富裕的时间比富裕的物质财富更能使人快乐，平和的力量大于争强好胜，而爱的回报来自于爱的付出。我们每个人内心深处真正想要的是充裕的时间、安全感、感情、和平、宁静、精神清醒、自信以及一种表达自己并为他们创造价值的成就感。

> 真正的成功，在于有能力按照自己喜欢的方式度过时间，发挥自己独特的天赋，为身边的人创造价值，以及被爱。

因此，清楚这一点：追寻自身意义上的成功，而非社会观念上的成功。社会观念上的成功，是别人教给你的，就像海市蜃楼——每个人都想要得到，但是没有人能够真正感受与享受到。

> 你不必为了追求更多享受，而频繁更换工作。也许，需要改变的是你的工作方式。

我的理发师和网球教练对我讲述他们的生活，并询问我的生活怎么样；每次理发、上网球课，我都获得免费治疗！这种方式令他们更加愉快。

我母亲曾经碰巧在医院做了一周护士。她称赞如今的很多护士都会与病人及其家属聊天，这非常有助于病人早日康复。

你是否也可以付出一点额外行动，为你的工作锦上添花？

并非每个人都认为工作会充满乐趣。我的朋友布鲁斯就对他的工作抱怨不停。我告诉他"找一份你喜爱的工作"，他却开始责备我。

"就我而言，"他说，"你所说的话就像天上的馅饼。我不喜欢自己的工作，但是至少这份工作是铁饭碗，有保障。这一点很重要。我想你不了解目前的就业形势，特别是对我们这些没有证书的人来讲，就业的压力很大。你听说转为雇用临时工制了么？所有的铁饭碗都要被打破，改为合同制或者临时雇用制。我现在只想保住这份工作——这就是我最大的野心了。想要找一份我喜爱的工作，就是天上的馅饼，不可能掉到我身上。"

"让我们换一个角度看问题。"我反驳他，"100年前，工作繁重而乏味。没有人停下来，问自己是否会喜爱工作。但是现在，成千上万的工人为工作而洋洋得意。人们更加喜爱工作，人们也更加成功。为什么你不也这样做？"

"找寻自己喜爱的工作很难，也许还要花很长时间。"我补充道，"但是这个想法总是存在实现的可能性。我知道，只要一个人真正想要找寻自己喜爱的工作，他们最后总会如愿以偿。布鲁斯，几乎没有任何一件事情会像工作那样，对你的整个人生产生那么大的影响；它与你的终身幸福紧密关联。你付出再多的努力，花费再多的心思，都是值得的。"

"你为什么说，一个人总是能够找到不错的工作？"布鲁斯说，"目前失业率居高不下，而找到一份好工作就像是大海里捞针。"

"噢，"我说，"你说得对，但是即使失业率很高，工作也总是有很多。希望总是存在。为什么不把你听说的、可能会喜爱的工作列个清单？多花点时间，最好列出一长串名字。想一想，您能否发现自己的工作呢？"

"我认识很多人，都经历过这个过程。起初，他们不喜欢自己的工作，或者被炒鱿鱼，或者递交了辞呈；最后，他们发现了自己的工作——自己喜爱的工作，或者说服老板雇用他，或者干脆自己当老板。当初他们濒于绝望，真的，因为即便是一份普通的工作，对他们而言都如同登天。"

"而那第一份自己发现的工作，也可能失败。但是在第二次、第三次尝试中，他们取得了成功。几乎每个人对自己最终的工作都非常满意，通常还会因此发一笔小财。在你还没有被辞退而且还年轻力壮的时候，早些经历这一过程是否更好呢？"

"也许吧，"布鲁斯说道，"但是即便有一份工作我很喜欢，还有成百上千的人比我更适合那份工作呢！"

"是的。"我说，"一份很棒的工作，必然会引起很多人和你竞争。但是，主观动机对于结果的影响力非常大。你是否真正想要那份工作，这种动机的力量超出许多人的想象。即便失业率达到20%，如果某个人显示出100%的动机，那么他迟早会得到这份工作，或者找到一份类似的工作。"

"许多朋友不喜欢目前的工作，但是却放不下，原因在于这份工作有保障、待遇高或者妻子、丈夫、合伙人、父母、同事、老师等人对他们施加了压力。还有一些朋友找到了喜爱的工作，但是薪水更低了，只好想办法应付金钱短缺——节约开支、更多家庭成员外出工作、储蓄等。通常，这些朋友和他们的家人会更加开心。没有人对于新的工作感到后悔。一段时间之后，他们的钱越赚越多。"

● **第二步：发掘你的80/20路径**

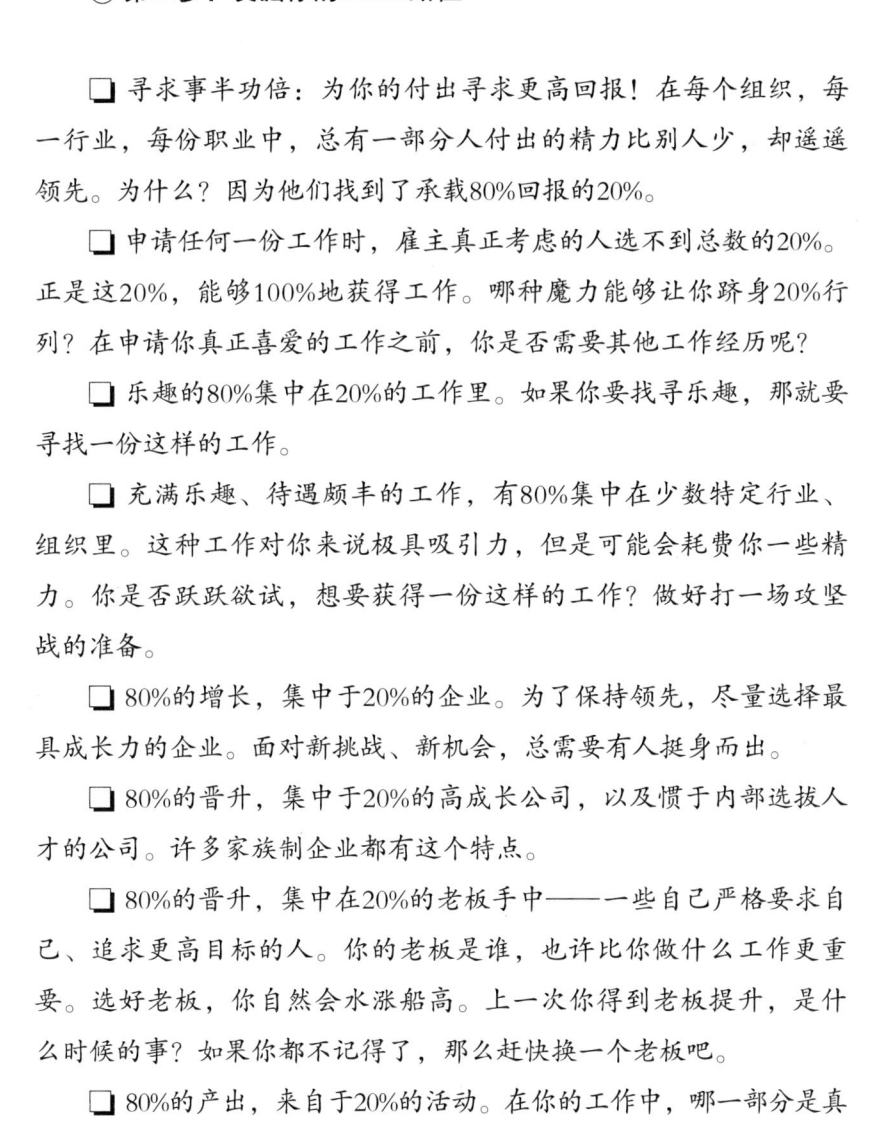

☐ 寻求事半功倍：为你的付出寻求更高回报！在每个组织，每一行业，每份职业中，总有一部分人付出的精力比别人少，却遥遥领先。为什么？因为他们找到了承载80%回报的20%。

☐ 申请任何一份工作时，雇主真正考虑的人选不到总数的20%。正是这20%，能够100%地获得工作。哪种魔力能够让你跻身20%行列？在申请你真正喜爱的工作之前，你是否需要其他工作经历呢？

☐ 乐趣的80%集中在20%的工作里。如果你要找寻乐趣，那就要寻找一份这样的工作。

☐ 充满乐趣、待遇颇丰的工作，有80%集中在少数特定行业、组织里。这种工作对你来说极具吸引力，但是可能会耗费你一些精力。你是否跃跃欲试，想要获得一份这样的工作？做好打一场攻坚战的准备。

☐ 80%的增长，集中于20%的企业。为了保持领先，尽量选择最具成长力的企业。面对新挑战、新机会，总需要有人挺身而出。

☐ 80%的晋升，集中于20%的高成长公司，以及惯于内部选拔人才的公司。许多家族制企业都有这个特点。

☐ 80%的晋升，集中在20%的老板手中——一些自己严格要求自己、追求更高目标的人。你的老板是谁，也许比你做什么工作更重要。选好老板，你自然会水涨船高。上一次你得到老板提升，是什么时候的事？如果你都不记得了，那么赶快换一个老板吧。

☐ 80%的产出，来自于20%的活动。在你的工作中，哪一部分是真

~79~

正的产出？多做这种事情，把这种事情做好。其他的事，都忘记吧！

□ 在一种职业或者一个行业中，80%的经验受益于同20%甚至更少比例的创业者一起共事，受益于在20%甚至更少比例的公司里工作。在一个组织中，你是否学得最快、最多？是否付出努力最少？你是否选对了老板，选对了上司？

□ 你所做的事情中，仅有20%甚至更少比例创造出80%甚至更大比例的价值。你是否身处合适的位置：合适的角色、合适的行业、合适的组织、合适的团队？你在哪儿最能够发光发热？最理想、最适合你的工作是什么？已经存在了吗？你能不能自己发现新的工作？

□ 80%的提升，原因都在于你吸引了一小部分人的注意。在适合你的工作岗位上，哪些人是你所需要的？怎样才能吸引他们重视你？

□ 80%的利润来自于20%比例以下的客户。谁是你的这部分客户？你能否为这些客户提供一些专有服务？

□ 80%的财富与物质享受是由20%比例以下的人群创造出来的。在你的工作领域中，谁属于这个行列？你怎样成为这个行列中的一员？你能否聚集起一个团队、打造一个利润中心，甚至脱离原有公司、自己创建一个新的公司？

□ 你是否能够"雇用"最棒、最聪明的人，作为你的老板或者上司？

□ 在一个市场中，80%的价值之所以被创造出来，是因为人们集中精力于20%的问题上，并相应地创新。80%左右的价值，来源于20%的创新。哪些市场需求在发生变化？哪些人在引领潮流变迁？你是否可以模仿他们，降低价格与成本，开发新的市场，或者研发新的产品？

为了工作与成功，看看下面哪条路径可以带你抵达80/20目的地：

- ☐ 相对于平时的工作速度，更加快一些？
- ☐ 对工作质量的要求，比现在更高一些？
- ☐ 在不违背原则、不压抑自己个性的前提下，强迫自己做一些并非发自内心、不喜欢的事情，或者扮演一下你不喜欢的角色？
- ☐ 发挥你自己最为独特、最有个性的20%峰值？
- ☐ 更愉快一些？

从理论上来讲，80/20路径必须能够满足上面所有这些条件，并让你心动不已。为了更加享受工作与成功，在没有发掘出自己的80/20路径之前，不要停止思考。

● 第三步：采取80/20行动

在你开始行动之前，首先需要明确3项核心的80/20行动。每一项行动，都能够使你沿着80/20路径向前大踏一步，让你更加接近80/20目的地。

思考、列出并完成这三项80/20行动。

80/20 行动第一步：
_____

80/20 行动第二步：
_____

80/20 行动第三步：
_____

每迈出一步80/20行动，就要放弃3种到4种其他行为。更少地行动、更多地集中精力。

感到困难吗？改变，都会不习惯。但是，你是在用很多你根本就漠不关心的东西，去交换那几件你真正在乎的东西。这种交换，是一种前进。

尝试新方法的秘密在于，采取一步行动，并发现行动有效，这会让你倍感激励，鼓起勇气进行下一步行动，这一行动再次有效，于是，你开始了第三步……

在第一次世界大战中，随船出海的水手们不幸落难了，漂流于救生艇上。他们坚持了许多天，甚至一周或更长时间，面对着饥饿与寒冷。接着，有人死去。奇怪的是，大部分年轻的水手们最先死亡。

这是怎么回事？年轻的海员身体更加健康结实，应该坚持得更久啊！最终人们发现，许多老水手曾经遇到过沉船事件，或者听说过其他人落难而最终得救的故事。这种认为自己能够得救的信念，让他们的意志更加坚强。他们知道，总有办法活下来。焦虑和担忧不能占据他们，而信念和希望发挥了作用。

有人决定告知所有船员，他们可以在救生艇上生存许多天，等待救援，并最终存活下来。果然，存活率大幅攀升。

> 正如海员们期待着救援，如果你能够把一、两项经过深思熟虑的80/20行动付诸实践，那么你将会发现，这些行动真的有效。现在就行动吧！相信事半功倍，相信少即是多、以少求多，你的人生将会发生巨大变化。

在本章末尾，我想讲一个故事，故事的主人公由于相信少即是多、以少求多，从而使人生发生重大转折。

很久以前，有一个家伙名叫罗兰。他在父亲的学校里教书。之后，转到南澳大利亚委员会做一名小职员。关于他这个人，没有什么值得称颂的地方。他并不富裕,并不知名,也没有优越的社会关系。

但是,他有想法。

在他的时代,接收信件特别昂贵,并且信件传送距离越远,收信人就要负担越高的邮费。罗兰有一个奇怪的想法:如果邮资能够大幅削减,那么数以千计的人们就有能力鸿雁传书了。他还想到了一个怪点子——"邮票",这样就变成了发信人付费,邮差就不必负责收钱了。

罗兰·希尔说服了英国政府率先尝试。1840年面值一便士的邮票——"黑便士"邮票诞生了。这是一场如此巨大的成功!希尔被任命为新邮政服务系统的第一把手。他因此变得富有而且闻名于世。

不到10年,就有50个国家纷纷效仿英国。这种全新的交流方式就像今天的互联网一样,让社会产生巨大变革。一便士邮票鼓励普通人学习书写和阅读,间接地提升了大众的受教育水平。

尽管连罗兰本人可能都不知晓,他是在遵从80/20法则,邮资的大幅度下降反而带来更多的收入和利润。一个简单的想法、一个简单的80/20行动,产生了如此巨大的社会效益,并因此而诞生出一项全新的职业。

> 扪心自问:
>
> 我是否能像罗兰·希尔那样,想出一个好主意?一个对大部分人有益,又可以改变我自己一生的好主意?

6

揭开金钱的神秘面纱

> 世界上最强大的力量是什么？是复利！
> ——世界科学巨匠 阿尔伯特·爱因斯坦

一位知名的财务顾问在一堂理财管理课上，与学员们谈起一本伟大的书——保尔·格拉桑所著的《巴比伦的首富》。

"这本书实际上仅仅传递了一个信息，"这位理财专家说道，"在今天仍然适用——为了彻底打消你在金钱方面的顾虑，你所要做的仅仅是在很长时间内，将你收入的10%用于储蓄与投资。"

专家问下面的学员——这群花费大价钱来学习如何更好地理财的人们——有谁读过那本书。大约有2/3的学员把手举了起来。

"请不要把手放下，"他接着说道，"现在，按照那本书的中心思想的要求——将收入的10%用于储蓄与投资——去做的人，仍然保持举手状态，其余的人把手放下。"

在大约100名举过手的学员中，没有一个人的手还在举着。他们理解了那本书的中心思想，并表示认同，但是在执行过程中却遇到了麻烦。没有一个人，能够坚决执行这一简单而必要的行动。

为什么？就某种程度而言，行动要远远难于思考。然而，从更深的程度来讲，是保尔·格拉桑未能指明一条简单的储蓄方法。

和我做一笔交易怎么样？我能够为你指明一条简单的方法，彻底打消你对金钱的顾虑，但是，你要答应我按照我所要求的去做——遵守这一简单的方法。如果你不打算遵守交易规则，那么你尽可以跳过这一章，因为阅读本章不会为你带来任何收益。

不知从何时开始，金钱的3个神秘面纱就在困扰着人们：

☐ 为什么少数人手中集聚着大量的财富，而大部分人群却相对贫穷？
☐ 有没有一种可靠的方法，能保证一个人要多少钱就有多少钱？
☐ 金钱能否买到快乐？如果不能，那么金钱的意义在哪里？

一个好消息就是：金钱的神秘面纱可以被揭开。

维弗雷多震惊全球的发现

一百多年前，一名头发蓬松的意大利人发布了一条让世界为之震惊的消息。洛桑大学的维弗雷多·帕雷托教授对英国的财富水平进行了调查，他发现了一个难以理解的不平衡现象：少数人手中集中了大量的财富。

接下来，他查阅了英国几个世纪之前的财富统计数据。不论是哪一个年代，他都发现了惊人的相似。

帕雷托对美国、意大利、法国、瑞士以及世界各地进行研究。不论哪个国家，只要数据保存完好，研究结果就如出一辙。这条金钱法则适用于各地、各个年代。

帕雷托试图用各种方法解释这条法则。直到1950年约瑟夫·朱朗将这一法则重新命名为80/20法则：20%的人群享受着80%的财富。

在帕雷托的年代，税收水平非常低。在20世纪，全球各地的政府部门都对高收入的人群征收高水平的税收，以便分配给低收入人群，然而帕雷托的发现仍然适用。在美国仍然是20%的人群手中聚集着84%的财富。全球85%的财富，集中于20%的人群手中。这些数据真有些骇人听闻。金钱——以及80/20法则，比政府的本领还要大。

为什么20%的人群拥有84%的财富

金钱，就像风、海浪、天气一样，蕴含着一种力量；而金钱的分配是不均匀的。财富，能够克隆出新的财富。

为什么？我们怎样聚集财富？

由于复利的存在，财富分配也遵守80/20法则。复利，就是爱因斯坦脑中"世界上最强大的力量"。

起初的一小笔钱，你只需把它们储蓄与投资，剩下的事情就交给复利去做了。

1946年，有一位对金钱没有什么概念的人——圣安妮·沙伊贝，将5000美金投入了股票市场。随后，她把股票收藏起来，就抛在脑后了。到1995年，这笔当初为了养老、应变而进行的储蓄，已经变身为2200万美金——整整上涨了440000%。都是复利的恩惠！

如果我们有多少钱都花光，那么贫穷就会永远伴随我们，不论我们赚多少钱。

大部分人拥有的钱财很少，因为他们不懂得储蓄与积累。一位普通的美国人活到50岁，一定赚了很多钱，但是他的存款却仅有2300美金。

> 富有的人，往往懂得储蓄与投资，并维持多年。复利，能让金钱以惊人的速度繁殖。

任何一个人，怎样成为百万富翁

"是真的吗？"亚伦——我的私人助手，问道，"我也能变得富有？"

"是的。"我说，"如果你能坚持做一件事情。"

"别逗了，理查德，不可能有这种事。"艾莉森插嘴道。她是亚伦的朋友，是一名年轻的美容师，头发粉红色，朋克味道十足。她说："如果这件事情很容易做，那我们都成了百万富翁了。你我都知道，只有很少一部分人，能够拥有这一切。"她用手指了指游泳池、豪华的花园、网球场。"剩下我们这群大部分人，还在为赚钱而辛苦挣扎。"

亚伦、艾莉森和我，3个人正待在我在西班牙的家中，一边享受着11月的阳光，一边喝着加冰饮料。我尽力说服这两个沉醉于此的听众。

"你说得没错，"我告诉艾莉森，"大部分人——甚至拥有一份让人羡慕的工作和薪水，身上都没有很多零花钱。我的意思并不是说存钱很容易。我只是说，谁都有可能做到这一点。"

"那么，秘密在哪里？"

"亚伦快23岁了，对吧？假设她每个月存200美金。"

"猪也能飞上天？"

"也许吧，"我说，"但是假设她每个月节约下来200美金用于投资，回报率是每年10%，连续42年，直到她65岁为止。到那个时候，亚伦会有多少钱呢？200美金一个月，一年就是2400美金——乘以42倍，就差不多10万美金了。而且，还需要在计算之前考虑复利的作用。"

"那么，"我转向亚伦，"你猜呢？"

"也许双倍？20万美金，艾莉森？"

"我对于加法不太熟悉，"她说道，"但是不会有那么多。也许15万美金？"

"正确答案……"我揭开谜底，"是不止140万美金。"她们差点儿晕倒。

"但是假设条件是亚伦的回报率有10%——我不相信会有那么高。"

"好的，我后面会进一步解释。"我插嘴说，"但是艾莉森，换成是你呢？"

"哼，"她说："没有人比我赚得少。你清楚一名美容师的薪水有多低？收入最低的行业。那点钱，根本就不值得储蓄。"

"你多大年纪？你的薪水有多少？"

"18岁。每年1.6万美金。1/10就是1600美金。如果我把这笔钱存起来——虽然我觉得自己不太可能会这么做，那么这笔钱会变成多少呢？"

我取出计算器和笔。电脑的速度更快，但是我想演示一下计算过程。亚伦去取更多的饮料。她回来时，我已准备就绪。

"都准备好了吧？如果艾莉森每年存1600美金，直到她65岁，她将会有多少钱呢？"

亚伦拿起计算器。1600美金乘以47年，等于大约7.5万美金。她把这个数字乘以5——他估计的复利作用。"40万美金，"她猜道。

"不可能！"艾莉森尖叫道，"不可能比25万美金还多。"

"要我告诉你答案吗？"我对她说。看来她很期待。"正确答案是150万美金！"

"不可能。"她哼了一声，"我比亚伦赚得少多了，而我们的年纪又差不多，你说我最后得到的钱会比她还多。你的计算器一定发生故障了！"

"没！"我说，"这很有道理。复利的作用太强大了，多计算几年时间，就会差别巨大。因此，储蓄的时间越早，到最后赚的钱越多。时间很重要。"

"这些都只是数字，除非你有办法让我们将收入的10%用于储蓄。"艾莉森说道，"不要想我们应该怎么做，我们总是入不敷出。"

"后面我会谈到的。"我说，"我会给你们讲述方法。但是首先，我们是不是应该先谈谈金钱？"

金钱能否买到快乐？可以，如果你很穷。

"金钱总比权力好，"伍迪·艾伦嘲弄地说，"只需考虑一下财务原因就够了。"如果我们正是饥肠辘辘，或者无家可归，拥有金钱就能够让我们生活得更加美好。

但是，超过一定水平之后——一个令人吃惊的低水平，拥有更多的金钱就不能够给我们带来更多的快乐。

有人针对全球29个国家的1万名居民展开调查，将各个国家居民的平均生活满意程度与该国的购买力水平进行对比。如图9所示，在贫穷国家，购买力水平与生活满意程度紧密相关。但是一旦一个国家的富裕程度达到美国水平的一半，金钱与快乐之间就没有任何关系了。

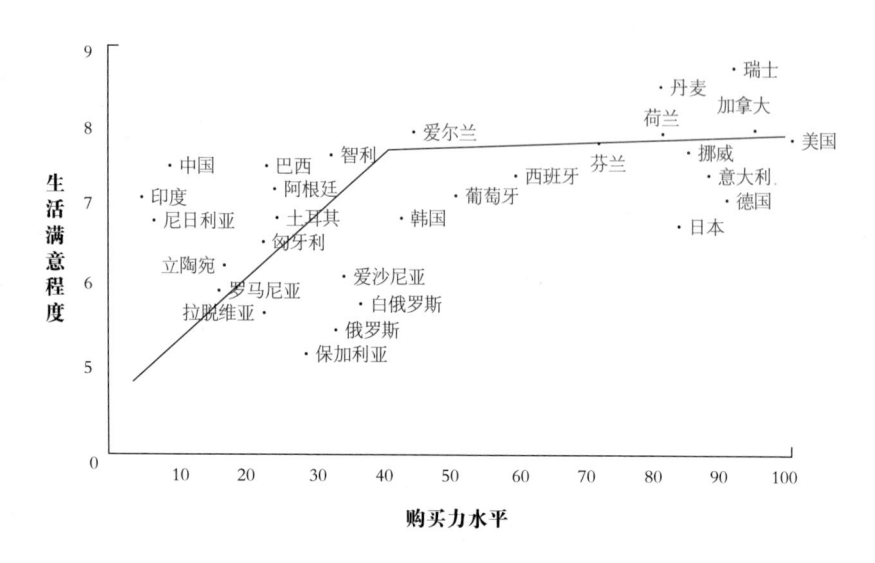

图9　29个国家居民的购买力水平与生活满意程度

在每一个国家内部，也可以证实这一点。非常贫困的美国居民，就不太快乐；但是对那些不那么贫困的居民而言，金钱则不能带来快乐。成为美国首富，也只能够带来一点点快乐而已。

或者看看22名中彩票大奖的人。他们刚获知消息时兴高采烈，但是这种情绪维持的时间不长。不到一年时间，中奖者已经不再比中奖之前快乐了。

更多论据：在2002年，3个国家的实际购买力与1950年相比翻了一番，然而快乐水平却没有任何变化。随着国家越来越富强，抑郁情绪却越来越高涨，而且情绪抑郁的人年龄也越来越小。

论据已经足够充分了。与非常贫困的状态相比，中等水平的富裕要带给人们更多快乐。但是一旦你的衣、食、住、行都得到了满足，更多的金钱则不能够为你带来更多的快乐。

在19世纪，约翰·斯图亚特·穆勒为这种现象给出了一个不错的解释——我们不是要更加富裕，我们要的是比其他人更加富裕。当我们的生活水平提高而其他人的生活水平也提高时，我们不会有什么特别美好的感觉。我们很容易忘记自己的汽车、房子已经比原来好多了，因为我们的朋友们也开上了类似的汽车，也拥有了类似的房子。

现在，我在南非生活。在这里，我感到富裕，在欧洲或者美国，我则没有这种感觉。这种优越感与我自己的生活多么富裕没有任何关系，它来自于同周围人的比较。南非人民的生活水平比较低，所以我感到自己很富裕。

关于赚钱，仍然存在着痛苦与争论。1991年4月8日，《时代》杂志的封面文章强调了一份成功事业背后的代价：

☐ 在500名专业人士当中，有61%的人抱怨道："今日为了生存要付出太多辛劳，以至于没有时间享受生活。"

☐ 38%的人抱怨说："为了赚更多钱，不得不牺牲睡眠时间。"

☐ 69%的人说他们愿意"放慢生活节奏，生活得更加轻松一些"，只有19%的人想要"更为刺激、快节奏的生活"。

☐ 56%的人想要在个人兴趣和爱好上面多花费一些时间，89%的人说多花费一些时间陪陪家人对他们来讲很重要，但是工作却让这个小小的要求变得非常困难。

我们干得怎么样？大部分人因此而抱头鼠窜了吗？没有！我们只是为了多赚钱而多花时间。目前，就业的美国人平均每年工作2000个小时，比1980年多工作两周时间。中等收入水平又养育子女的夫妻两人平均每年工作3918个小时，比10年前要多工作7周时间。

拥有更多的金钱，将会带你进入陷阱——更大花销、更多义务、更多焦虑、更加复杂、更多时间管理钱财、更多愿望、更长工作时间，自主安排时间的主动权更小，对独立、精力、生活的把握更低。我们的生活方式，演变为我们的"工作方式"。

拥有多少汽车、房子才能弥补心脏病、抑郁症的损失？

事半功倍：更少金钱，更多生命力

乔·唐明奎斯与维姬·罗宾在他们最为畅销的那本书——《富足人生》中跨越性地思考、探讨了金钱与生活满意程度。他们的核心亮点在于"金钱是我们耗费生命中宝贵的能量交换而来的"。

为了挣钱，我们出卖了自己的时间——真正的"生命能量"。这种为了生存而花费的努力，正在侵蚀我们的生命。

我们低估了工作所消耗的生命能量，而高估了消耗产生的回报。这个交易可不怎么样，正如唐明奎斯和罗宾所指出的：

你的工作是否让你大材小用，没有施展空间？是否工作收入太少？或者你的薪水比你的目标值高很多？那么，额外收入对你而言，有什么好处？如果没有任何好处，为什么你不缩短工作时间、节约时间去做对自己真正重要的事情？如果额外的收入有意义，那么这部分钱是否与你的价值观相联系、相协调一致？是否能为你的工作带来乐趣？如果不能，你需要怎样改变……

当你打破金钱与时间之间的界限时，你为自己敲开了机会之门，可以一窥真正的工作之究竟——工作的真正意义，很可能与你目前所从事的赚钱的差事毫不相关。

80/20方法教你以更少的精力换取更长久的生命值：

☐ 通过储蓄与存钱，我们不再以金钱去交换生命能量。拥有足够的投资回报，我们不再勉强从事耗费生命能量的工作。我们自主选择工作、工作时间。做自己喜欢的事情、做自己认为重要的事情，会让我们的生命值翻番。

■ 也许你决定利用储蓄帮助自己实现理想的生活方式和工作方式。你可以工作六个月、一年，然后就拿这笔积蓄去周游世界或者同家人分享。或者每周工作三天时间，规律地享受延长的周末。我们可以降低工资、在自己喜欢的地方工作，或者自己给自己打工。

不要让金钱控制我们的生活，我们要利用金钱来控制自己的生活，让生活充满轻松、愉快。在无忧无虑、思维驰骋、心情愉快的地方，我们能够让生命价值翻番。

明智地利用时间和金钱吧！让工作事半功倍！把握了时间的内在含义和内在价值，我们就能够让时间更加充裕。

"成功"也会弄巧成拙。为了赚钱，我们牺牲自由和时间，认为更多的金钱就能够为我们带来更多的快乐，但是事实并非如此。我们的所作所为，仅仅是在以更快的速度消耗和浪费自己的生命能量。

80/20法则可以打破这种僵局。不论我们薪水高低，只要进行储蓄、投资，就能够让金钱繁殖。与工作乐趣相比，我们不那么关心事业本身。当我们拥有一大笔存款时，这笔钱足够养活我们。我们就可以把时间、生命花费在那些真正在乎、真正重要的事情上。

80/20法则，教你从金钱中获益

● **第一步：集中精力于你的80/20目的地**

在耶鲁大学1953级毕业生中，只有3%的学员写下了他们的财务计划——与我们的80/20目的地很相似。20年后，调查显示这3%的学员手中所拥有的财富，超过了其他97%的学员财富的总和！

马上写下你的80/20目的地吧！它是不是：

☐ 摆脱金钱困扰？

☐ 有能力过自己想要的生活，为自己喜欢的工作而工作？

☐ 有足够的经济实力养家？

☐ 生活是否需要两个人埋单？

☐ 在一定年龄后获得经济独立？一定年龄后不必工作，靠投资回报生活？

☐ 成为百万富翁？

☐ 其他的目标？

对你而言，你的80/20目的地是不是尤为重要？为什么？

金钱是一种手段，不是结果。金钱是为了自由，而不是束缚和奴役；金钱是为了安全，而不是为了焦虑。除非你把钱花费在享受更多自由、快乐上面，否则存款也是一种负担。

目标要明确。你想要彻底摆脱金钱的困扰？很好，但这意味着什么呢？没有任何收入混过6个月？两年？在银行拥有一笔特别的存款？

虽然薪水可能会降低，可你还是想要换一份工作？很好。你想要什么工作？薪水到底怎么样？你每个月的开销会有多少？一个好消息就是，你的开销可以大幅度降低——也许不再锦衣玉食，降低交往费用，或者搬到消费水平较低的地方生活。

海伦与詹姆士两个人在三十来岁的时候，还是律师。他们因工作相识，坠入爱河，最终结为夫妻。两人都在一家工作紧张而繁忙的法律公司Bullie Brake & Desmay上班，并且都处于步步高升的职业发展阶段。唯一的问题在于：他们讨厌这份工作，讨厌这家公司！

海伦与詹姆士的80/20目的地就是离开公司，开始家庭生活。海伦将要辞退工作，而詹姆士则想要就职于慈善机构，做一名法律顾问，尽管这样收入比现在要少得多。他们怎么才能做到这一点呢？

● **第二步：发掘80/20路径**

由于复利的作用，金钱在少数人手中集中起来。因此这为我们提供了一条，也仅此一条致富的80/20路径——通过最为简单、有效的方法节约开支并进行投资，这条路径是一贯正确的。

节约开支的方法有很多种，但是绝大部分都难以做到。做预算就是其中之一。预算不起作用，因为意外的开支经常让你感到"计划没有变化快"。

幸运的是，有一条节约开支的80/20轻松方法。

"我喜欢赚一些钱这个主意，"亚伦对艾莉森说道，"不是说要成为一个百万富翁，而是有一笔足够的存款买一栋自己喜欢的房子。这就是我的'80/20目的地'——理查德就是这样称呼的，这个我想要达到的地方。""但是接下来，我必须思考：怎样才能节约开支。妈妈总是做不到这一点。我也不行。去年，理查德告诉我要节约。我真的尝试照做了。但是到了月末，我还是没有攒下任何钱。那么，我怎样才能做到这一点呢？接着理查德告诉我说，这个问题也可以解答的。"

"先把钱存起来，他说。先存款，就是说，你在开销之前先把收入的10%存起来，主动存款。到了提取的那一天，你的储蓄额度自然就变成了一笔特别的存款。之前你不能对这笔钱动什么想法，因为这会让它消失掉。"

"但是这有什么差别呢，我说。月初时我有这笔钱，我就会很快把钱花光。到了月底，我只能忍饥挨饿。但是理查德说不会的，不一样，你自己走着瞧吧。"

"他说得对。我不再去想那笔存款。我必须想办法让剩余的钱支持更长时间，因为我口袋里的钱一开始就没有那么多了。我简直不敢相信。从前，我一直认为自己不可能降低开销。但是我做到了！12个月！而且我还能一直坚持下去。坦诚地讲，艾莉森，谁都可以做到。你看不到钱，就像你缴了更多税款或者赚得更少一样。"

海伦和詹姆士两人决定继续留在Bullie Brake & Desmay公司，节约开支并把收入的10%用于存款——自动地降低开销，直到把他们需要的钱攒够。这要花费多长时间呢？

每个月，海伦和詹姆士两人共收入6500美金，税后收入为4000美金。目前，他们把所有的收入都花光了，没有任何积蓄。

通过计算，他们认为如果搬到消费水平较低的生活区，靠近詹姆士所说的慈善机构，那么他们每个月花费2500美元就可以过日子了，甚至计划生一个孩子也足够了。慈善机构只能每月支付詹姆士2600美元，税后是2000美元。因此他们需要每个月500美元——一年就是6000美元的投资，才能弥补这个空洞。

他们计划购买一栋6万美元的公寓，并用于出租。减掉维修、保养以及税负之后，他们还能够每年赚6000美元。于是，为了改变生活方式，他们需要一笔6万美元的存款。

他们每年收入的10%就是7800美元。如果他们的收益率是美国家庭平均水平，6年下来，就有6.6万美元。即便收益率只有5%，在免税条件下，他们7年下来也可以存下将近6.7万美元。

> 为了赚够所需，你需要发掘的最基本80/20路径：在你的收入到手之前，自动将收入的10%存入定期存款账户，进行储蓄与投资。

在你的一生中，尽早这样做——这句话的意思就是，立刻执行！

坦率地讲，有95%的人都需要这条建议。这是彻底消除你的财务困扰的最为简单有效的方法。没有其他方法能比这条更加简单而有魔力。

基本的80/20路径的精妙之处在于：你能否尽快抵达80/20目的地？

☐ 没有哪种投资好过还清你信用卡上的所有债务。

☐ 第二种最好的投资就是还清你所有的其他债务。从最大的债务开始。即使是抵押——资产债券——目前的利率也非常低。在你还有剩余的钱时，几乎找不到另外一项投资，能够像还清你的抵押那样具有吸引力。

☐ 扔掉你的信用卡。你一定要减少花销。如果你需要一张卡，不妨申请一张借记卡。这样你想要花钱，也只能从你在银行账户的存款中提取。

☐ 外出购物时不妨精挑细选。把钱花在真正让你感到快乐的事情上，花在能够为你带来80%快乐的20%的事情上。对于其他80%，不妨吝啬一些。

☐ 问问你自己："我要花钱购买的这样东西，是不是真的需要呢？它是否属于能够为我带来80%快乐的20%行列？"如果不是，就把它丢在一边。你就能够省下更多的钱来购买最适合你的20%行列的物品，同时获得更多的生命能量——因为你不用花费时间去赚钱。

☐ 选择性价比较高——物美价廉的商品。一辆使用了两年的二手汽车给你带来的收益，与新车给你带来的收益相比，至少占到95%，而成本仅为新车的60%。而二手家具的价钱，则仅为新家具的20%。

☐ 对于余下的现金，不妨用在购买能给你带来收益、提高价值的资产上。比如，土地、房地产、艺术品，或者其他具有收藏价值的物品。挑选出给你带来乐趣、让你欣赏的物品，并把它买下来。

☐ 收入上涨时，记得存一半。在这笔钱存到银行账户之前，让银行帮你自动转存。

☐ 每年春季整理你的财务账户——摆脱混乱状态。丢掉琐碎无用的小物品，卖掉贵重值钱的物品，把收益用于投资。

☐ 制作一张挂图，写明你每个月的收入与支出。这会激励你削减支出、增加收入。图10就是很好的挂图例子。

☐ 准备一份挂图,写明你每个月的收入、支出,以及投资收益;并作投资收益曲线与月度支出曲线的延长线,标明两者相等的那一天。这一天,就是你财务独立的那一天:你将不再依赖工作来养活自己。图11就是一例。

☐ 减少一项花销。把这笔钱存起来。这不仅会带给你更多的快乐,而且,奇妙的是,这种做法通常会增加你的收入。

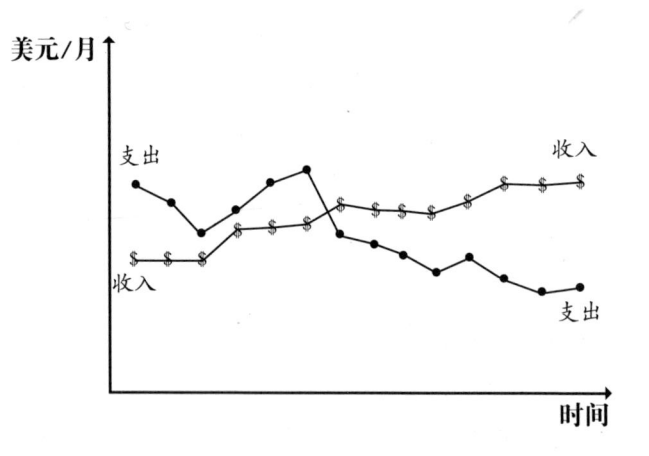

图10 伊丽莎白每个月的收入与支出图

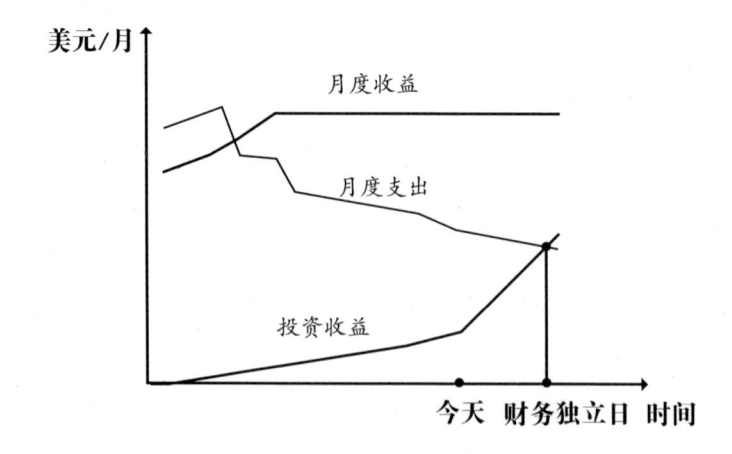

图11 堂娜女士的财务独立挂图

复利与投资是一回事么？复利的确具有非凡的魔力，但是只有在你储蓄并投资的时候，它的魔力才得到发挥。你可以投资于高收益率的储蓄账户，或者投资于看涨的债券、房地产或者其他资产。对你的银行账户存一颗戒心——银行有时会欺骗容易上当的客户，许多称为"高收益率"的账户，其实却名不副实。

真实的投资回报率到底有多高？在我所举的例子中，投资回报率通常为5%—10%。但是，这里仍然有两点要引起注意。

第一，你必须设法免税。大多数国家都为中小储蓄者、投资者设置了特别的免税账户，但是你一定要谨慎，记得把钱投资于这些账户。

第二，我们现在的时代，很多国家的通货膨胀率与利率是50年来的最低水平。这使得逛街购物变得很自然，甚至可以获得5%的回报率。利率最高的银行账户可能会付给你3%—4%的收益。因此，你可能需要其他一些低风险的投资工具。

投资于哪些领域呢？最基本的投资目标是，以最小的风险、长期获得至少5%的投资回报率：

☐ 首先，还清你的所有债务。

☐ 如果无风险的储蓄存款利率为5%或者更高，那么你不妨投资储蓄存款。

☐ 你可能会选择"债券"——政府债券或者企业债券，收益率（回报率）要高于5%。

☐ 长期直接投资于合适的房地产——也许正是你的家——是一个很不错的主意。从长远来讲，房地产的价格——事实上是土地的价格——大约以每年8%的比例上涨。土地的供给是固定不变的，而对土地的需求却在不断上涨。人们都想要更大的房子、第二套房子，而且每户的居民数量正在下降。人口与财富都在增长——比如，看看美国和欧洲最为繁华、最具吸引力的地方，或者看看任何一个成长中的城市，土地是一个不错的长期投资工具。

☐ 对于股票投资，要保持谨慎。股价有可能一跌再跌。如果你有足够的钱投入到股票市场中，那么你不妨考虑一下"风险中性避险基金"。该基金不受一般股市波动的影响。避险基金的风险要低于传统的"共同基金"，也因此更具有吸引力。其收益率要取决于股票市场的成长性。

☐ 在经济突然繁荣、物价突然上涨时，不要进行任何投资，不论是股票、房地产还是当前的热门投资工具。泡沫最终都会破灭。等到价格回落、走势平稳之后，再投资不迟。无论任何时候，都不要投资于短期内快速升值或者贬值的市场。即使投资收益率只有5%，你也要保守一些，在短期内投资于安全的投资工具。

☐ 你是否应该自己开办公司呢？大部分百万富翁都是靠着风险投资而起家的。但是要头脑冷静。新企业的成活率仅有5%。99%的收益可能仅仅来源于1%的新企业。你是否能够成为这幸运的1%？

☐ 仅在你已拥有足够的存款时才考虑风险投资。永远不要尝试孤注一掷。如果一项投资让你不能踏踏实实地睡觉，那么你要对它不予考虑。成为一个超级富翁，可能并不会给你带来快乐。这个赌博不值得。

☐ 即使你对于开办公司颇感兴趣，你也要等到拥有足够的金钱、能够承担赔钱的结果时，再考虑这件事。或者，选择风险较低、所需资金比较小的生意——比如，在附近的市场摆一个货摊，提供修剪草坪、洗车服务，或者自己开车搞运输，等等。

● 第三步：实施80/20行动

你正身处十字路口。

你可以大步向前，通知你开户的银行在每个月月初自动扣除你收入的10%，把这笔钱存入储蓄账户。然后，你可以告别财务危机的困扰，一生都不再为金钱而烦恼，抵达你的80/20目的地。

或者，你也可以什么都不做。

> 向前走！立刻！这只需花费你5分钟。而其收益如此巨大，足够你享受一辈子。与金钱交朋友吧——它可无限提高你的生命值！

假想你已不再受到财务危机的困扰，甚至已拥有了一笔资产。究竟怎样才能让你更加快乐呢？随后我们将会讨论，这笔新的财富到底能否增进你的友谊之情，提升你的人际关系？能否让你此生更加幸福？金钱与物质财富，在真爱与深情面前就会变得黯淡无光了。

80/20交际法则

> 每个人都扼杀自己所爱。在现代世界的俗世洪流中，金钱与工作，都占有所爱之位，而人，却退居其后。
>
> ——英国剧作家 奥斯卡·王尔德

整个项目都进行得如此的顺利。从空无一物的混沌世界开始，程序开发员已经在地球上创造了一个天堂：丰饶之角的青葱花园，湍湍流动的溪流，郁郁葱葱的棕榈树，累累的世间之果，奇异的飞鸟、猫、狗、驴子和马匹，甚至还有一群温驯的猿猴。山脉覆盖着花朵，五光十色。亚当一瞥可见远处大海的蔚蓝。划下自己的占有之地，他开始漫步起来，或是和动物们友善嬉戏，并赋予它们各自的名称；或是品尝各种水果，一会儿在温暖的阳光下，一会儿在树荫的遮蔽下。他平生第一次感到无比的安全、轻松与快乐。

次日清晨，程序开发员到亚当之处做短暂拜访，顺便饮杯咖啡。

他问亚当："喜欢这个世界吗？"

"当然"，亚当答道，"简直难以置信。您完成了一件奇幻的工作。小屋和庭院完美无缺，花园如此繁茂。不过，我总是感觉缺少点儿什么，虽然我无法言明此物。"

"噢，"开发员说，"昨晚我还在思考这个问题。你绝对正确，我会善办此事的。"

"那么，您是怎么想的呢？"亚当问道。

"有个爱人，如何？"

21世纪的版本

上帝在伊甸种植了一个花园，并把所造的男人放置其中。从伊甸流出的一条河流灌溉着花园，而上帝所派的这个男人负责看护。上帝说："你将统治这里的鱼鸟和一切生物，而且负责照顾它们。你也可以随己之愿，食用它们，只要它们能够继续生长繁衍。"

上帝看了看自己所造的一切，感觉非常好。那个男人也遵从了上帝的命令。

次日，上帝对男人说："你自己孤孤单单的，这样不好。我会造个女人，这样你就可以爱她，跟她成家生子，享受生活了。"

但是男人对上帝说："噢，上帝，您再思量一下吧。首先您告诉我必须负责灌溉花园，管理动物，照顾海里的鱼和空中的鸟，负责维护生态平衡。我还要自己打猎捕鱼，自己烹烤。这些已经是我的全职工作了，您别让我犯错误了。我热爱我的工作，它非常有价值，而且花园也很美妙啊！您怎能认为除了这些工作我还有时间去想爱情、家庭和交际呢？这会变得很复杂的。现在这样不挺好吗？只有咱们两个，还有空中的鸟类和其他的东西，对吗？"

上帝挠了挠头，困惑着这个世界到底怎么了。

> 乔治·桑德曾写道："生活中唯一的幸福就是——爱并被爱。"

伟大的心理学家卡尔·古斯塔夫斯·荣格也曾说："我们需要他人真正地成为我们自己。"在人际交往中，我们可以感受到生命的真谛。

但是，恰在此处，出现了扭曲。现代生活使得寻找、滋养并维持一份爱情或者人际关系变得越来越困难。大多数人肯定不会否认这个道理，但并不一定能够自我意识到。他们会选择更高质量的人际关系，而放弃那些较低质量的。我们拥有了更广的交际圈子，但其实意义却更小了。同时，那种罗曼蒂克的关系变得比以往更为脆弱和难以捕捉。

所有人都知道，紧张的工作压力和现代化的科技产物，例如个人电脑、电子邮件和便携电话，等等，正在侵蚀我们的家庭生活。在美国，这种趋势最为明显。20年前的美国，一半的已婚者都会宣称："我们所有家庭成员经常共饮共餐。"而现在，这个比例已经下降到1/3。更多的妇女忙于工作，更少的人选择结婚。结婚的人要小孩的也越来越少。未婚妈妈的数量也在增加。我们的大家族情结业已衰退，离婚率也已攀升。而且，父母和孩子共度的时间已然骤降。

这些趋势都反映出，经济压力在增加，而且对于金钱的追逐欲望形成了一种暗流。就像其他的固定成本一样，家庭——与家庭中孩子的数目——在规模递减。

越来越多的家庭在追随经济潮流，把越来越多的家务"外包化"——雇用临时保姆，找人代看孩子，还有备餐、做饭、保洁、修葺花园、筹备孩子的生日宴会、照看病人和老人，等等，而这些，在以前都是家庭关系的联结纽带。

为了维持生活标准，更多的家庭已经需要两个人外出工作。对于追求奢侈的家庭来说，夫妻双方的工作都变得更为耗神，尽到家庭责任也变得更加困难。

看看我的两个好朋友鲍勃与简的经历吧。他俩都很有趣，过着一种紧张的生活，工作也很忙碌。我认识鲍勃与简的时候，他们有两个可爱的女儿，一个叫埃玛，9岁；另一个叫安妮，11岁。两个孩子非常有礼貌，就是想要条狗的时候，都那么规矩文雅。他们还有两所大房子。两人都操持家务，朋友圈子大多也是共有的。简出差到了巴西，那里有个项目，需要3个月时间。她把孩子们也带了过去。这中间，鲍勃利用休假时间去探望过一周，其余的周末都是自己孤零零度过的。虽然一切看起来都好，但是我开始担心，他们在各自的时间里有不同的需要，这会产生压力的。他们会不会彼此疏远呢？

8年之后，他们离婚了——虽然还是朋友，但感情上已经受到了伤害，亦伤心后悔。分手了，是不是就快乐一些呢？我对此怀疑。他们曾经拥有一份那么深厚的感情，也曾相互扶持，共同教育子女。是不是可以不至于此呢？

我不敢肯定。但是我想，要是工作压力小一些，比如在20世纪60年代，或者他们在今天遵循的是80/20法则，那么应该能够坚持下来，共度生活，最起码4个人一起，应该更享天伦之乐。

更多的交际是否能增加快乐

卡内基梅隆大学的研究员随机抽取了当地的169个人，进行了为期两年的调查。研究内容是跟踪这些人使用互联网的情况，并记录下互联网对于快乐和人际交往的影响。调查还得到了计算机公司和软件公司的赞助。最初，研究员们确信，在网络上建立越多种类和越为丰富的人际关系，与世隔绝的感觉就会越小，舒适感就会越大。

但是，调查结果却让赞助商和研究员们大吃一惊，甚至惊慌失措。他们发现，在互联网上建立的交往关系越多，在网络上花费的时间越多，人们反而更加感觉孤独和消沉。的确，尽管电子邮件和聊天室在数量上扩大了交际关系，但在质量上都甚为肤浅；而花费在上面的时间，也割裂了与家庭和朋友之间更为重要的人际关系。的确，与少数人进行面对面的交流，变成了安全与快乐不可或缺的首要元素。这里，也有少即是精的道理。

对于当今社会的成功者来说，泛滥却又贫瘠的人际关系，最是一种凸显的问题。金钱富余，时间贫瘠。许多崇尚市场的信徒，在那里购买各种人际关系。我的意思，并不是说他们嫖娼狎妓；虽然我认识的许多熟人，在突然富有之后都遭遇了婚姻困难，但这并不完全归咎于他们的风流韵事。金钱越多，他们就渴望越多的人际交往，渴望更广的交际圈子，殊不知，泛滥也就意味着贫瘠。

我的意思是说，成功者的交际圈太错综复杂，里面是一串串的专业服务承办者：私人教练、私人助理、私人指导、足疗师、心理医生、按摩师、饮食顾问、催眠师、薰香师、网球教练、通信顾问、宗教导师……天哪，上帝知道还有什么人！

"要善待自己"，这些人对自己说。市场经济的模式正在发挥着影响。比如说，1990—2000年间，私人教练的数目在美国就翻了一番，已经超过了10万人。当我还是一个管理顾问的时候，我所在的公司非常关注与首席执行官的私人关系，由此也获得了长远发展。

成功人士在家中的生活时间可能非常少，所以他们批发式地购买家务照料，这样的打包产品也适合日程安排。家务助理们形成了一个军团，照料整个家庭，而私人服务的提供商也同时纵容着这些养家糊口的人。

> 这些，完完全全是一种错误！没错，每种专业服务都提供了一些有价值的东西，但是，多即是滥——这些商业关系却替代了对于幸福而言最为重要的人际关系！

专业人士获胜了，而其他人都失败了！

为什么愈加富足，却不能转化为愈加幸福呢？为什么繁荣旺盛，却腐蚀了个人和社会交往关系呢？这不是财富本身的问题——除了舒适水平、医疗保健和知识程度的提高可以促进人类自由和安全（也许还能使人宽宏大量）以外，一切都无甚改变。归根结底，是我们思考和行动方式的问题。

我们陷入了一种妄想，急切地沉溺其中，那就是多多益善。我们追求更多的金钱、更多的物品、更多的朋友、更多的人际关系、更多的性伙伴、更多的吸引力、更多的舒适感、更多的房宅、更多的旅游、更多的机器，还有更多的社会承认。我们准备着为这些激情付出昂贵代价。

我们投入在这些欲望上的担忧越来越多、精力越来越多、能量越来越多，坦白地说，灵魂和自我也越来越多——我们工作只是为了更多的欲望而投资、埋单。

然而，经济的运行却一切良好，因为它遵循的是另外一条法则，就是事半功倍。经济总是要求这样：更好、更快，但是商品和服务更加便宜；更少的投入，带来更大的产出。

> 其实，人间的幸福如同真正的个人成功一样，都在一条永恒铁律的支配之下：事半功倍，过犹不及。

在数量与质量之间不可避免地存在着权衡之点。过多就意味着越坏。所有问题的焦点都集中在对于我们来说真正重要的东西上面——我们真正在乎的一少部分人、一少部分人际关系、一少部分活动、一少部分动因——能够让我们变得投入、热衷、有力、充满爱心和获得爱心的东西上面。无路可择！

在人际交往中，享受事半功倍的快乐，其实简单明了：

☐ 在工作中，要创造事半功倍的境界，以更少的时间，获得更多的金钱和快乐，千万不要让工作侵蚀你的家庭和个人生活。

☐ 可以通过储蓄达到事半功倍的目标，这样你早晚能够获得足够的投资回报，实现自己想要的生活方式，并且从高度负荷的工作中解脱出来。

☐ 一定要贯彻事半功倍的原则：对你的幸福来说，究竟什么是重要的——满意的工作、个人目标的实现，还是一些高质量的人际关系？你究竟需要什么？什么才能带给你丰厚的回报？什么才能让你的时间更为宽裕？什么才能让你的感情世界更为丰富？

质与量的对决

几乎毋庸置疑，我们从纷杂的人际关系中所获得的快乐，其中80%来自20%甚至更少部分的交往。

> 我们可以把精力集中在少数的重要关系上，我们无须担心那些无关紧要的人际关系。
>
> 增加快乐的行动：把大多数的时间、能量、感情、创造力和想象力投入到最少但却最为重要的人际关系上。

现在，问一问自己，你对最为重要的人际关系——那一小部分给你带来最多满足感的人际关系——究竟投入了多少精力？也许这些最重要的人际关系花费你20%的精力，也许更多。那是40%？60%？

除非你把至少80%的"交际能量"投入到这些至关重要的人际关系上面，否则，你绝对可以按照如下的方法提升自己的满足感。

> 你只需把精力集中在少数的重要关系上，而无须在人际交往上投入更多的"交际能量"就可以润滑自己的满足感。
>
> 增加快乐的行动：重新调整自己的能量分配，你至少要把80%的能量投入到那些最少也最为重要的人际关系上。

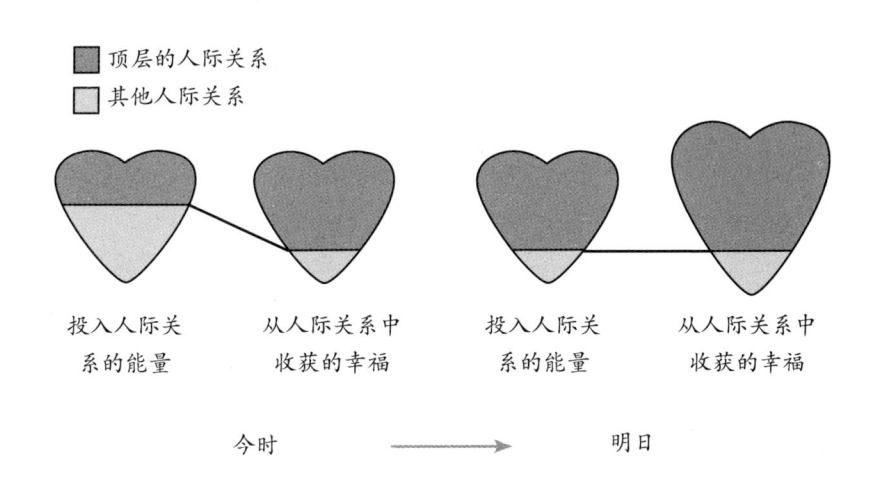

图12　将能量投入到主要的人际关系上

为什么全球的电话公司给我们的电话号码都是7位数字？因为我们能够牢记7位数字，而不是8位或者9位。

> 我们可以将深切的关爱赋予一小部分人。我们也应将关爱只赋予周围最近的人，那些在生活中离你最近的人，而不要赋予其他人。

爱人

由心理学家迪那和塞勒格曼组织的一项近期研究表明，在研究对象最快乐的10%的人际关系中，几乎全是罗曼蒂克关系。另外一个显著的事实就是，40%的已婚美国人认为自己"极度快乐"，而在未婚的美国人之中，只有23%比例的人这样认为。寻找合适的伴侣，对许多人来说，都是通向快乐境界的一张车票。

然而，我们花费在寻找伴侣上的时间、精力和才智，实在是少之又少。

哈佛大学的乔治·兹普夫教授也表示，1931年他在费城做了一次针对已婚者的调查，发现其中70%都相邻甚近，只在几小块街区的范围内，仅仅占到研究地域的30%。对于绝大多数居民来说，要想寻求爱情，整个费城太大太大了！若想寻求城市以外的爱人，简直是天方夜谭！

大多数的爱情之泉，仍然只在当地的近邻之间、小小的朋友圈子之内和同事之间喷发。而且，许多人都遵从着"公交车站"的爱情方法，接受首先出现的那个爱人。

> 他们以爱相爱。

对于爱情而言，一见钟情往往并不奏效。寻求一生伴侣的时候，要是主要考虑性吸引和床上表现的话，那就真成了糟糕透顶的赌局。性是美妙的，但是新鲜感迟早会消退。长期的关系，需要更多的内容来支撑。

真爱是彼此欣赏、共同心动，真爱可以移山，甚至可以使最不可能的一份关系演变成甜美的姻缘。但是，浪漫的爱情却可能并不持久。要想享受长远的幸福爱情，考虑以下4个更为广泛的因素吧！

● **靠近别人，依赖他们，让他们也同样依赖你**

人共分三种类型：

☐ 可靠的人，他们追求的是轻松与亲密。

☐ 逃避责任和亲密关系的人——当你需要他们关心的时候，他们会躲到一边。

☐ 严肃的人，他们对于不确定的爱情和义务性的照顾，总是不大在乎——不管爱人想还是不想。

短暂的反应，就可以显示出你和任何一位候选伴侣在一起时的状况。两个可靠的人在一起，前景会非常光明，会建立一种成功的关系。如果其中只有一人属于可靠类型，那么几率就要小得多，不过仍然有希望。如果两个人都不属于可靠的类型，成功的机会就太小了。

你要是觉得自己属于可靠的类型，那么在寻找长期伴侣的时候，选择一个可靠的人，是最快乐的选择，是上上之策。

● **乐观**

你和你的伴侣是否在寻找一线希望？是否在欣赏浮云？当事情不遂人愿的时候，乐观者总是找寻暂时的或具体的解释——"老板心情不好"或者"我昨天晚上没睡好"。而悲观主义者就不同了，他们会身陷极度的、永久的困扰之中——"哎，我不擅长自己的工作"或"没有解决问题的办法"。

找个乐观向上的伴侣，或者愿意变得乐观的伴侣。乐观，是可以培养的。

● 能够避免激烈争吵和批评伴侣的行为

约翰·高特曼教授利用"爱情实验室"观察伴侣之间的行为。10次有9次,他都正确预言了结婚的结局。

高特曼的危险信号包括经常性的激烈争吵、针对个人的责难、显露轻蔑态度、感到寒冷和孤独以及不能接受批评。

你们两个人一定要经历一个试验阶段。在这个阶段,你们不要考虑最终责任,就是在一起,越来越亲密。如果这个阶段出现了高特曼的信号,那么分手为妙。

● 基本价值观相同

一定要选一个在基本问题上——比如坦诚、金钱、善良或者对你来说最为重要的方面——具有相同价值观的人。

深思熟虑之后,再选择你的爱人!不要仅仅局限在一种关系上,要广撒网、多寻觅,这样才能找到那个适合的伴侣。要清楚自己最想从伴侣那里得到什么。要实验,在完全投入之前,要测试这种关系是否真的可靠有效;要从容,在最终责任之前有许多阶段——不要鲁莽。这样,可靠感就会油然而生并与日俱增。

任何一种关系,都有一些首要的必需条件。虽然这些条件不多,但我们对此的探究却远远不够深入,所以我们的举动是随机性的,精力也浪费在那些漫无目的的行为上面。

> 在处理人际关系时,在少数重要事情上集中精力与否,意味着成功与失败的完全不同。
>
> 增加快乐的行动:在处理每一份人际关系时,都要识别出通向最大快乐的少数行动。然后,将精力集中在这些行动上面。

一位聪明的朋友曾经告诉我说：

> 我们每个人都各不相同。对于我来说不重要的事情，在我妻子那里却很重要，反过来也是一样。
>
> 在我们的婚姻里面，有些事情她真的很在乎。她想我按时到家，想总是有我可以依赖。她喜欢花，喜欢我支持她的工作，喜欢惊喜。
>
> 可这些并不是我最想为她做的，我觉得没有必要。我可以给她烛光晚餐，给她买我自己喜欢的车，带她度过美妙的假期，我可以为她做其他各种事情，但是如果这些基本需要没满足她的话，那么我做什么都不会感动她。

所以，不要为别人做那些自己喜欢的事情，要做你的伴侣想要的事情。

另一对夫妇也面临许多婚姻问题。妻子曾经坦白地倾诉："彼得一点都没意识到，如果他每个星期都能带一次或者两次花束回来给我，那我真的愿意为他做任何事情。"

这多么让人难过，又多么必要啊——做正确的事情，只要一点点，就能得到如此巨大的回报。仅仅因为伴侣的简单要求没有得到满足，就造成了如此众多婚姻的贫瘠和爱情的干枯。不过，爱情之泉又可以如此容易地涌动不息，再次洋溢。

幸福家庭

就在南美洲被征服之前，秘鲁的印第安人侦察到地平线上出现了西班牙船只。他们那时还不知道船是什么样子，也没有意识到船上可以承载士兵。印第安人把船只当成了天气的异常变化，而忽视了危险逼近的征兆。

~ 113 ~

如果我们不知道自己寻找的是什么，那么就会同印第安人一样，犯最基本的常识性错误。我们的人际关系当中，不仅仅只有爱情关系，很明显，对我们至关重要的还有我们的孩子。那些童年并不快乐的人，当为人父母的时候也往往重复上演着可悲的模式，因为他们不知道快乐的家庭是怎样的。

> 所有幸福的家庭都是相似的，但不幸的家庭，各有各的不幸。
> ——托尔斯泰《安娜·卡列尼娜》

这里有份幸福家庭的配方，我们可以拷贝下来。

● 幸福家庭环绕"爱之螺旋"

绝大多数父母都爱自己的孩子，但是在幸福的家庭里，父母总是在示范着他们的爱。

抚养孩子是个困难的工程，家庭生活的强度，只提供了两个发展方向。

一个是向下的螺旋。婴儿哭叫，孩子打碎了东西，发生了一些小灾祸。感到压力的父亲母亲，开始批评或者惩罚孩子。于是孩子们的哭叫声更大了，事情越变越糟。

还有一个就是向上的螺旋。孩子们很可爱，还喜欢冒险，总是咯咯地笑个不停。他们喜欢学习，喜欢关注身边的事物。即便妈妈闪过一下，孩子们都会感到安全和快乐。父母以孩子们为荣，小小的举动都充满着爱意，孩子们也因此更加顽皮愉快。这又引起父母更深的疼爱，循环向上。

在所有家庭中，都存在着这两种方向的螺旋，但是在幸福家庭中，上升螺旋的力量胜过了下降螺旋。孩子们也随着时间的推移，更加无忧无虑，更加心满意足，并且会经常加固上升螺旋。

> 当家庭刚刚成立，第一个孩子出世以后，父母的基调就通过早期行为定了下来。通过对上升螺旋的创造和加固，以及对下降螺旋的拆除，父母双方肯定会慢慢地勾勒出一个幸福家庭。

● 幸福家庭使用更多的正面反馈

某所学院的研究人员发现，教师习惯表扬优秀的表现，而对恶劣的行为加以责备。在实验中，教师们接受训练，无论对优秀表现还是恶劣行为都持表扬态度——并且忽略恶劣行为。不久，绝大部分的恶劣行为消失了。

在家庭中也同样，表扬比批评更有效果，能够创造上升螺旋。80/20法则推崇表扬这种反馈方法——行之简单，并且对孩子一生都效果甚佳。表扬之于孩童，就如水之于土地一般：微小的鼓励也能引致巨大的洪流。一个有能力、有善意的儿童，在其一生当中都会给身边的人带来积极的影响。

> 今天就小小地表扬一下孩子吧！会产生不可估量的持久益处的。

试着数一数你和配偶对孩子说"是"和"不"的次数。然后有意识地努力说"是"，而尽量少说"不"。一周以后再数一下，看看会出现什么不同。

● 幸福家庭的父母总是在家，不吝惜自己的时间

父母与孩子之间的紧密联系，能够创造终生的安全感和幸福感。孩子们并不理解"优质时间"的概念，他们希望得到时时刻刻

的关注和照料。孩子们是正确的。

> 80/20法则就是给更少的人更多的关爱,关爱的对象应该是我们最在乎的人。与孩子共度的时光,是最为美好的时光,是物有所值的时光,是给孩子、其他家人和社会带来巨大回报的时光。

如果你真的无法与孩子共度时光,那必须是身在别处或者无法现身的时候——缺席是可以接受的,但是能抽身的时候还太忙的话,就不能接受了。

● 幸福家庭的父母很和谐,也很相爱

孩子们是精明的谈判专家,喜欢让父母双方相斗。他们谋划寻找父母间的冲突,有时甚至制造矛盾。

不惜任何代价,都要消除这种游戏。父母双方都要向孩子们展示彼此相爱,即便在生气的时候。最终的回报,必将是爱意压倒暴躁,也能让你更加幸福。

● 幸福家庭能够应付灾祸,也能应付难缠的孩子

幸福的家庭,在总体上来说,生活并不比不幸的家庭轻松。只不过它们能够应付挑战罢了。

如果准备要孩子,那就要做好应付一个难缠孩子的准备。他们是不可预测的,是自由无约束的职业队员,甚至可能会令你震惊。

我的两个朋友,他们的儿子虽然很难对付,但是他们相处得很好。我向他们请教是怎样教孩子的。

父亲告诉我:"我们参加了父母效能训练。他们把问题分成3个类别。一类是我们自己的问题,就是由父母或者家庭里的其他成员引起的问题。还有是共同的问题,是由孩子和家庭共同造成的。

再有一类就是孩子自己的问题，这类问题基本上跟家庭没有什么关系。每种类型的问题，都有不同的解决办法。"

"当我们听取建议的时候，"母亲补充道，"我们发现绝大多数的问题，根源都在我们孩子身上。接受训练以后，等查尔斯（他们的儿子）再出现问题的时候，我们已经可以改变回应方式了。我们向他提供建议，然后让他自己决定怎么做。这样就减少了三方冲突，我们的家庭生活变得幸福多了。查尔斯也更加快乐，因为我们不再总是敦促他该怎么做。"

● **幸福家庭强调纪律，但从不撤回爱心**

惩罚往往也奏效，但这必须是在可容许的行为界限非常清晰的时候，这样孩子才知道，他们因为什么受到了惩罚。收回一段时间特权，这种做法很安全，也很有效。有一点必须明确，惩罚是针对行为，而不是针对孩子的性格。无论孩子做了什么，都不要收回关心和爱护。

我有两个非常要好的朋友，他们是经历过困难才领会到这个道理的。他们有两个儿子，现在都快20岁了，都很聪明，也很讨人喜欢。但是在前几年，身为父母的他们，跟小儿子丹尼尔之间，却产生了巨大的问题。

在丹尼尔11岁的时候，他偷了别人一些钱，然后成功地——只是暂时——嫁祸给了一个无辜的同学。丹尼尔的母亲觉得必须采取一些激进的做法，于是撤回了给他的爱心——一个月之内都拒绝跟他说话，也不为他做任何事情。

事后证明，她的做法引起了灾难。当她意识到这一点的时候，开始努力弥补。几年下来，都一直表现出深切的关爱、用心的照料，还采取了许多积极行动。但是，丹尼尔身上仍旧有很多问题，整个家庭也因此产生了巨大问题。这部分归咎于在困难时刻爱心被撤回了。

惩罚不是加强纪律唯一的办法，通常也不是最好的办法。当你面对一个又哭又闹，或者嚷嚷着要这要那的孩子的时候，一般你都会要么惩罚他们，要么为了得到安宁满足他们的要求。但是，你不应当这样做，你得让孩子知道嘶叫是不管用的，只有"笑脸"才可能达到目的。试想一下，要是从孩子4岁开始，你就让他明白，露个笑脸能得到的报酬比又喊又闹得到的多，那孩子会怎样呢？

● 幸福家庭共享催眠故事，共享"最佳时刻"

孩子睡觉前的10—20分钟，是最为无价也是最有影响的一段时间。讲个合适的故事，表现出你对他们的爱意，可以让孩子满载着梦想进入甜甜的梦乡。

我的一位朋友，他的孩子们就非常喜欢催眠时间，因为爸爸总是讲一些故事，把他们也编进来，还让他们成为主要人物。你可以预先准备好这样的故事，或者向周围具有想象力的朋友要些主意。

另外一个特别棒的做法就是问你的孩子："你觉得今天最喜欢做的事情是什么呀？"如果他们记得所有快乐的事情，就会很平静、很满足地进入梦乡。一些心理学家认为，这种做法有助于孩子克服消沉情绪。

> 试着做一次，这既会让孩子直接受益，也会加强你和他们的纽带关系。一次成功，就要坚持下去，培养成一种日常习惯。付出的努力虽小，但收获却是巨大的。

朋友

除了家人，谁的离去还会让你感到忧伤？把这些人记下来。他们就是你最好的朋友。这20%的人将给你带来80%的意义和价值。

尽管大部分人都认识100—200个人，但能够想到的也就只有10个名字，甚至比10个还少。我的通讯录里，有207个朋友的名字，但是只有18个朋友，对我来讲才真正意义重大。这些朋友的数量不到总数的9%，但是他们带给我至少90%的"快乐友情"。

想一想，算算有多少时间是跟"铁哥们儿"在一起的，花了多少时间陪其他的人。你会大吃一惊！如果你的"铁哥们儿"住在离你较远的另外一座城市，那么你会宁可花时间跟邻居在一起，也不愿意跑那么远的路。但是，事实上，看望你的"铁哥们儿"会让你感到更加快乐。

> 尽量住在离你好朋友近一些的地方。不论怎样，尽量多见见他们（或者她们）。

80/20法则，带来更深的爱

◉ 第一步：集中精力于你的80/20目的地

在你回答以下各个问题时，切记事半功倍原则——选择性地关注对你生活真正意义重大的问题。

为了更深的爱，我的80/20目的地：

1. 我是否想要并且需要一位爱人？

    _____
    _____

2. 我是否想要哪个人成为我的爱人？

    _____
    _____

3. 为了获得他（或她）的爱，我是否要改变一些处事方法？

    _____
    _____

4. 我是否想要快乐的家庭？为了抚养出快乐的下一代，我是否准备好付出承诺与行动？

    _____
    _____

5. 我是否需要更频繁地与自己的朋友见面？

    _____
    _____

● **第二步：发掘80/20路径**

怎样获得事半功倍——更深的承诺与爱，更少的忧虑与奋斗？

为了更深的爱，我的80/20路径：

1. 如果我还没有找到一位承诺一生的爱人，那么我想要寻找的人是什么样的呢？

———————————————————————————

———————————————————————————

我是否想要一位可靠的人？

———————————————————————————

———————————————————————————

我是否想要一位乐观的人？

———————————————————————————

———————————————————————————

我是否想要找到一位能够避免激烈争吵和批评伴侣行为的人？

———————————————————————————

———————————————————————————

我是否想要一个与我的基本价值观一致的人？我的基本价值观是什么？

———————————————————————————

———————————————————————————

2. 我是否认识某个人,可以成为我的爱人?

   他们(或者她们)靠得住么?

   他们(或者她们)够乐观么?

   他们(或者她们)是否性格温和、不会经常吵吵闹闹?

   他们(或者她们)是否与我的基本价值观相一致?

3. 我在哪里最可能碰上合适的爱人?

   为了见到他(或者她),我准备采取何种行动?

哪些行动最能够打动他（或者她）？哪些行动我自己更加喜欢？

_____

4. 我是否了解那几件最能够让爱人开心的事情？（试着问问他或者她）

_____

每天、每周，为了满足爱人的需要，我都需要做哪几件事情？

_____

5. 我能否支撑起一个快乐的家庭？

_____

我能否让爱螺旋上升？

_____

我能否更多采取正面反馈？

_____

对待子女，我能否花费更多时间？

我与爱人是否深爱对方，并紧紧地融合在一起？

我能否应付灾祸或者难缠的孩子，并且保持爱心？

我能否既对子女们提出要求，又不撤回对他们的爱？

我能否每天至少花15分钟的时间跟每个孩子一起度过？

6. 如果我想更加经常地与朋友们见面，那么该怎样做呢？

哪条路径最省钱省力，又能够让我很好地做到这一点呢？

● 第三步：采取80/20行动

> 为了更深的爱，我的80/20行动：
> 我现在就要采取的3个最重要的行动是什么？
>
> 行动1：
> _____
> _____
>
> 行动2：
> _____
> _____
>
> 行动3：
> _____
> _____
>
> 我怎样才能够把精力从那些琐事、不重要的事情上转移过来，转移到这3件最为重要的事情上来呢？

　　我们每个人的内心，都渴望爱与情感。从这个角度看，现代社会风气正处于一种失衡状态。很多人为了以多求多，特别是一些社会上的"成功人士"，把工作、事业排在了第一位。为了填补感情上的空白，他们增加交往的人数，并尝试同各种人群相处，自以为这样就可以获得快乐。然而事实并不总是遂人心愿。这些人际关系，既浅薄又不能给人真正的快乐。将精力分散在许多人际关系上，你就无法获得几个"铁哥们儿"所带给你的快乐，无法感受一个知心爱人给你带来的幸福，你也无法了解爱的意义。

　　归根结底，在人际交往领域，也存在着事半功倍。

8

简单而快乐的生活

简化的能力，就是消除无需之物，以便让必需之物浮出水面的能力。

——美国艺术家 汉斯·霍夫曼

午饭时间，一位度假的商人凝视着平静蔚蓝的大海。一条小船满载着黄鳍金枪鱼，停靠在美丽的墨西哥村庄的码头。船上只有一名渔夫。他跳上岸边。

"收获不小嘛！"商人对渔夫打招呼道，"打这一船鱼需要多长时间？"

"噢，要不了多长时间！"墨西哥人回答道。

"你怎么不多待一会儿，再捕一点儿鱼呢？"

"这些足够养家糊口了。"

"那你余下的时间都做什么？"

"睡懒觉、捕捕鱼，与孩子们玩耍一会儿，吃午饭，与我老婆玛丽亚一起睡个午觉。到了晚上，就漫步到村子里，喝点儿啤酒，弹一会儿吉他，或者与朋友们一起玩一会儿牌。我的生活满足而充实，先生。"

"我想我能帮你，"商人皱了皱鼻子说道，"我是哈佛大学的MBA，我给你的建议也来自于商学院。多花一些时间捕鱼，你就能够更换一艘大船，赚更多的钱，然后你可以买很多艘大船，直到你拥有一个船队。不要把鱼卖给中间商，直接卖给水产品加工商，这样慢慢下来，你就可以拥有自己的罐头厂了。你可以全面掌控采购、生产以及分销过程，形成流水化管理。接着，你就可以离开这个小镇，举家迁往墨西哥城，然后搬到洛杉矶，甚至迁往纽约，在那里开设分公司。"

"但是，先生，这需要花费多长时间呢？"

"15年，20年。"

"到那时，又会怎样呢，先生？"

"到那时该有多么美好啊！"商人笑了起来，"如果有时间，你就可以在股市里浮浮沉沉，成为百万富翁。"

"嗯，你是说百万富翁。接下来呢？先生？"

"接下来，你就可以回家养老了。找一处靠海的天籁村安家，每天睡懒觉，捕捕鱼，与孩子们玩耍一会儿，吃午饭，然后与老婆一起睡个午觉。到了晚上，就漫步到村子里，喝点儿啤酒，弹一会儿吉他，或者与朋友们一起玩一会儿牌。"

什么才是快乐生活

公元前3世纪，古希腊哲学家对快乐生活产生的原因展开辩论。也许，在这场辩论中最有说服力的观点来自于伊壁鸠鲁，而他本人也正是按照自己的哲学为人处世，过着幸福的生活。

"我真的想象不出，"他说，"如果我失去美妙的食欲，丧失

~ 127 ~

翻云覆雨的乐趣，体会不到聆听的美妙，或者被剥夺了美好事物带给我的甜美感觉，那还能怎样去设想美好的生活！"

伊壁鸠鲁认为，快乐的生活包含下面几个需要：

☐ 食物、栖身之所、衣服。
☐ 朋友。
☐ 自由。
☐ 思想。

"要想一生生活幸福快乐，"他说，"到目前为止，最重要的一点就是拥有知己——几位真心真意的朋友。"伊壁鸠鲁在雅典城外购买了一栋房子，并与他的7位朋友一同居住其中。"永远不要一个人吃饭，"他建议说，"同朋友一起进餐，感觉好极了。"

伊壁鸠鲁追求那些价值不菲的自由。为了避免讨厌的工作，他成立了一家公社。公社内部自己种植卷心菜、洋葱、朝鲜蓟，并且人人平等。大家自由，交谈、著书。这里的生活很简单，虽然不够富裕奢侈，但是人人都很满足。"华美的食物、美味的饮品，"伊壁鸠鲁说，"并不因简或奢而带来自由。我们必须正视财富，无须高估，因为没人可以享用溢流出容器的美酒。"

伊壁鸠鲁和他的朋友们，都相信事半功倍。而现代人反而有一种追求以多求多的冲动。最近，美国在线服务公司对其用户开展了一项调查，询问在他们的理想中，要收入多少才能彻底摆脱对个人财务状况的顾虑。结果非常出人意料：收入超过10万美金的人所需要的金钱，要远远高于收入4万美金以下的人。那些高收入的人，认为自己每年至少需要9万美金收入才能维持生活的比率，是其他人的5倍。这个调查说明，一旦人们开始追求以多求多，他们便会身陷金钱黑洞，即使获得了短暂的成功，也永远不会满足——对金钱的追求，永无止境。

这些人追求以多求多，并不是受到天生的贪婪欲望驱使，而是现代生活方式驱使着人们——于不知不觉中，身陷永无止境的物欲洪流之中。现代社会认为，成功的标志就是拥有金钱。而一个人怎样才能拥有更多的金钱呢？只有通过更多的工作。生活方式有两种：快车道和慢车道。快车道的生活虽然物质富裕，但却需要我们付出巨大的辛劳和精力。我们对自己的能力产生怀疑；为了赚钱，我们违背自己的意愿，更多地工作；我们爱慕虚荣，以超出自己购买能力之外的物品装饰自己。而那些简单的快乐——浪漫的爱、家人、朋友、充裕的时间，却被我们抛之脑后了。

但是，如果以少求多变成现实，生活又会怎样？现代生活方式将会发生不可思议的变化——工作变得新鲜而富于挑战，自我天赋得到充分发挥，物质生活充实而富足，而时间呢，又是那么充足。你还将拥有一份良好的人际关系。我们把精力集中于那些真正发挥特长、显示优势的事情上，无论对自己还是对他人，都将创造出更高的价值。

> 抛弃那些繁琐的细小之事吧。我们要简单、纯洁、热烈而轻松的生活！

以多求多，就像是皇帝的新衣。每个人都认定这就是生活的本来方式，尽管有以人观己之心，但没人愿意触及要点，几乎所有人都认为皇帝的新衣是华丽而得体的。但是在每个人的体内最深处，都埋藏着一种力量——它随时有可能爆发，冲破枷锁，暴露出你真实的想法：皇帝身上什么都没有穿。

> 以多求多，减少了人与人之间的友爱、快乐；以少求多，则会提高生活质量，让生命变得有价值，让人生变得有意义而富足。

既然事半功倍的思想与现代生活方式相冲突，那么我们就必须静下心来，经过一番深思熟虑之后，决定自己是否要远离贪得无厌的诱惑。这一过程为什么如此困难呢？

也许有3个原因吧：

☐ 我们的欲望没有止境，而且充满矛盾。每个人天生就不安宁，野心勃勃；外界条件又让我们自然而然地认为，拥有越多越好。

☐ 我们会拿自己与他人进行攀比。如果一些朋友富裕起来了，那么我们也不愿意落在后面。如果邻居家新买了一辆汽车，那么我们也会想要一辆——不论那辆老车是否已让我们称心如意。如果我比较幸运，拥有了一艘游艇，那么不要多久我就会发现，在船只停泊处多了一艘更加漂亮、马力更大的游艇。

☐ 许多人都认为，要强、努力、奋斗是优秀品质，认为大家都应该开发自己的能力，追求飞黄腾达。如果我们没有搏击，没有辛勤付出，反而会为自己感到内疚。

不过，你也可以以轻快之心远离单调乏味：

☐ 我们的大部分欲望，只能为我们获得短暂的快乐。真正幸福的获得，需要我们压缩自己的欲望，看清哪些对自己最重要、最能给自己快乐，然后集中精力在这些事情上。当其他的欲望、心愿出现时，不要理会；并非因为这些欲望、心愿出于贪婪，而是因为我们清楚地知道，它们不会给自己带来快乐。焦虑，将不再光临我们。生活,将会变得简简单单!

▪ 人类自古以来,就有拿自己与周围的人攀比的习惯——亚当和夏娃就互相攀比,谁的生命树叶子更大更美。《圣经》中的摩西第十戒律,禁止众人对邻居的房子、妻子、男仆、换工的女仆、公牛或者驴子产生非分之想——但是,现代社会消费却颇为推崇这种攀比心理。广告业、营销业的发展,使得众人在攀比中,在占有欲获得满足的过程中,迷恋上了这种虚荣——经济发展让我们陷入这场毫无意义却又永无止境的竞争中。

▪ 如果我们必须拿自己与邻居做对比,那么对比相对财富或者快乐水平,是不是更好一些呢?摩西应该这样说:"朋友们,尽情地羡慕他人的东西吧,无论什么东西!只要切记一点:科学已经证明,占有不会带来快乐。现在,你是想要更多的房屋、奴隶、牲畜呢,还是想要更多的快乐?"

▪ "你的资产是太少了,还是太多了?从长远来讲,是复杂、繁琐能够更加让你快乐开心,还是简单轻松呢?你所有的资产都能派上用场么?答案很简单,你只要打开自己的衣橱——已经清理好了这里,只留下了那些你频繁穿着的衣服;还是80%的衣服,你穿着的时间还不到20%呢?"

▪ 发挥自己、培养自己是一件好事:这让我们更加快乐、更有个性、对他人更有用。但是,凡事都要适可而止。如果我们为此而筋疲力尽,耗费时间,变得不快乐,那么我们就是傻瓜!只有我们自己快乐,我们才能给我们所爱的人以快乐;只有我们集中精力于自己所爱,我们才能获得真正的快乐!

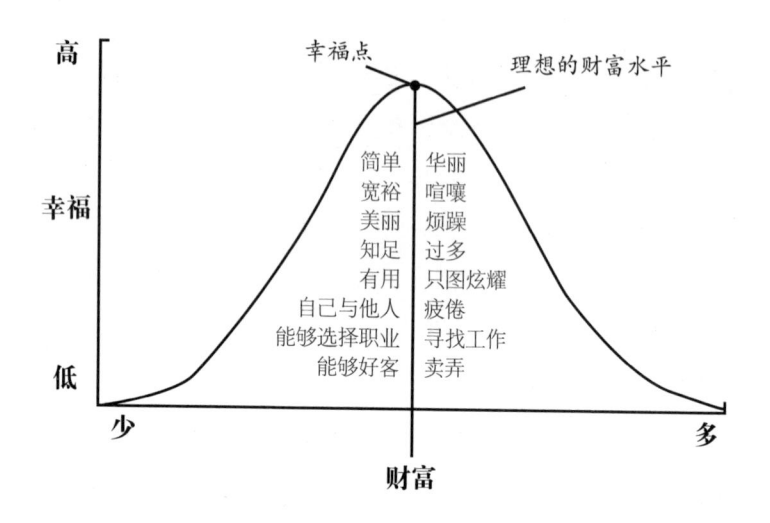

图13　财富的幸福点

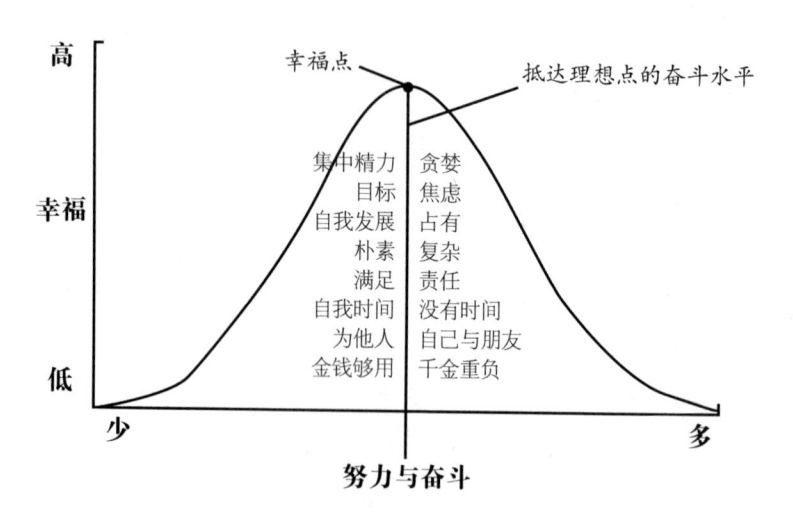

（左侧：简单、宽裕、美丽、知足、有用、自己与他人、能够选择职业、能够好客）
（右侧：华丽、喧嚷、烦躁、过多、只图炫耀、疲倦、寻找工作、卖弄）

图14　努力与奋斗的幸福点

（左侧：集中精力、目标、自我发展、朴素、满足、自我时间、为他人、金钱够用）
（右侧：贪婪、焦虑、占有、复杂、责任、没有时间、自己与朋友、千金重负）

如图14所示，从长期来讲，总是存在着一点，让你的努力与付出水平正合适，不多也不少，最为快乐；这一点，就是你的幸福点。那么，你处在曲线上的哪个地方呢？是否进一步地付出能让你更加快乐？还是轻松一些能让你更加快乐呢？

> 彻底改变如此单调无聊的生活，你需要迈出果断的一步：远离现代生活产生的焦虑、复杂，接受简单、快乐的生活方式，坚信自己能够事半功倍！

安是我的一个好朋友。二十多岁时，就已经是一名成功的广告业务经理了。在29岁那一年，她做出了一个突然的转变：辞退了工作，并且没有找新的工作。10年来，她只做自己想做的事情，生活非常简单，而奇思妙想却层出不穷。

"广告行业确实能给我带来乐趣，"她告诉我："并且报酬也不低。一天我坐在沙发上，问自己这一生到底想做什么。答案非常明显。我想要绘画、雕塑、谱曲、弹钢琴、学习演奏其他的乐器。追求我自己的目标。"

"我不想在企业里一步步地发展，不想在上下班的路上陷于交通阻塞，不想给老板打工，不想面对激烈的竞争。我喜欢在家里工作、自由安排时间，在阳光下散步、与朋友聊天。最起码，我想要发挥自己的创造力，让自己的想象力自由驰骋。"

"我从豪宅中搬了出来，买了一个只有一个房间但非常漂亮的工作室。天窗下还附带一个夹层，非常温馨。我的父母都说我疯了，特别是爸爸。他们省吃俭用供我上大学，津津乐道于我的学业、所取得的进步以及现在的生活条件。他们不理解我为何要选择自己的路。我不想在离开人世时虽然很富有，但却只能让音乐留存心中。他们不停地问我想怎么赚钱。"

"这是个很好的问题。当我收入颇丰时，开销也很大。我有一部分储蓄，但这笔钱是留给工作室的。没多久，我就发现自己原来不需要那么大的开销。没有大手大脚的生活，我一样很快乐。我不需要闪亮的跑车、昂贵的服饰来打动客户，不需要在标新立异的餐馆进餐。我辞退日常工作的第一年，收入仅为原来的1/3。但是我要缴的税更少了，而且我发现靠销售个人或者家庭肖像、雕塑，我一样能够养活自己。它的重要意义在于——我可以过自己想过的生活，做自己喜欢做的事情。我的生活更加快乐了。"

"为了赚钱，我想过很多办法，但是有一条原则我一直坚持——我必须乐于做这件事，并且在做事过程中可以表达自己。令人不可思议的是，在过去的5年中，我的收入又变得颇为丰厚了。这一次，我自己给自己打工，而且坚持了我自己的选择。"

怎样摆脱以多求多的无聊与乏味

坚信事半功倍法则并不简单，因为我们需要甩掉现代生活的诸多错误观念。然而，一旦你坚持了这一法则，寻找事半功倍路径的过程，就要简单许多了。

为什么简单了？因为这个过程只不过是一个减法。我们不是需要更多——而是需要少做点儿事。没有经历过的领域，并不需要我们去探索；我们只需把握已有的生活，集中精力于最美妙的那部分生活，实现人生的梦想。

> 不要试图索取更多。放弃贪婪！让我们奔向轻松，释放内心里与生俱来的快乐情感！

不必费心坚持"高效的习惯"——不妨舍弃这些不会带给我们快乐的习惯。不论什么事情，只要它们不能带给我们快乐，不能实现人生梦想，那么连一点点时间我们都不要浪费，因为我们所关爱的人不会因此而感到幸福。

当别人对我们有所需求时，我们不一定非要说"好"。因为我们需要问问自己："是否真想做这件事？它是否是我的梦想？"如果别人的需求与我们自己的目的地相背驰，那么干脆说："不！"事情做得更少，生活享受更多！

简化你的日程表——少工作，少购物。整理你的衣橱——把你不需要穿的衣物送给他人。远离气愤、沮丧的情感，忘记过去的怨恨。原谅你的敌人，甚至，与他们成为朋友。

不要拿人互相比较。坚持快乐的信条。珍惜自己所有，学会满足！想开一些，不再去追求虚无缥缈、一无是处的虚荣。

合理安排自己的生活。舍弃烦人的会议、旅行和人际关系。如果有些东西不能达到这个目标，那就舍弃！

现代生活也许倡导奢侈的生活方式，推崇一步一步战胜困难。医生、顾问或者专家，很有可能谆谆教导我们如何战胜压力与坏习惯。这就好比教导我们认识蛇群，并学习怎样对付它们一样。

为什么要烦恼？干脆放弃，远离"蛇窟"。生活中亦如此。少即是多——远离紧迫、虚荣的现代生活。只要遵循事半功倍法则，你总会找到上帝为我们留下的一扇窗。

在西班牙，我有一处住所。每隔几个月，我就要去一趟，逃开各种商业会晤，集中精神思考、写作。为了不分散精力，我用以下方法控制自己的信息来源：

❏ 不听广播，不看电视。

❏ 极少打电话——电话号码保密。只装一部电话，不配手机。正合我意的一点就是：电话系统经常故障。

❏ 仅仅跟几个最为要好的朋友见面。

❏ 只在周六读报。

结果如何？我的写作速度加快了3—4倍，而思考的深度也大大超出往常。我非常喜欢自己在西班牙的简单生活。甚至每一个小时我都感到愉快——写作，每天环绕山区骑车，打网球，与朋友共进晚餐。生活就是如此简单！每天都如同经历甜美的典礼，而开销却如此低廉。

仔细思考，哪些事情简单、经济，而又能够给你带来快乐。阅读这些让生活得以简化的方法。图15——简的快乐图表，可能会给你某种提示。

减少昂贵的快乐，追求简单的快乐怎么样？图16为你留下了足够的空间，你可以在空白处，设计属于你自己的快乐图表。

表2　　　　　　　　生活得以简化的方法

简单生活，意味着更少的……	更多的……
不喜欢、不擅长的工作	喜欢、擅长的工作
为责任而做事	乐趣、创造
惯例	惊喜
高投入、低回报的事情	低投入、高回报的事情
等待或者焦虑的时间	享受、舒适
会见不喜欢的人	与好朋友见面
电话	思考时间
旅行、跋涉	平和、安静
开车	步行、骑车
不喜欢的运动	喜欢的运动
危险	躲避危险
顺境中遭遇挫折	顺境中更加顺利
过多的信息	特别感兴趣的信息
花费	分发、循环使用
刻意养成的习惯	喜爱的日常典礼
大事情、小改变	小事情、大改变

8 简单而快乐的生活

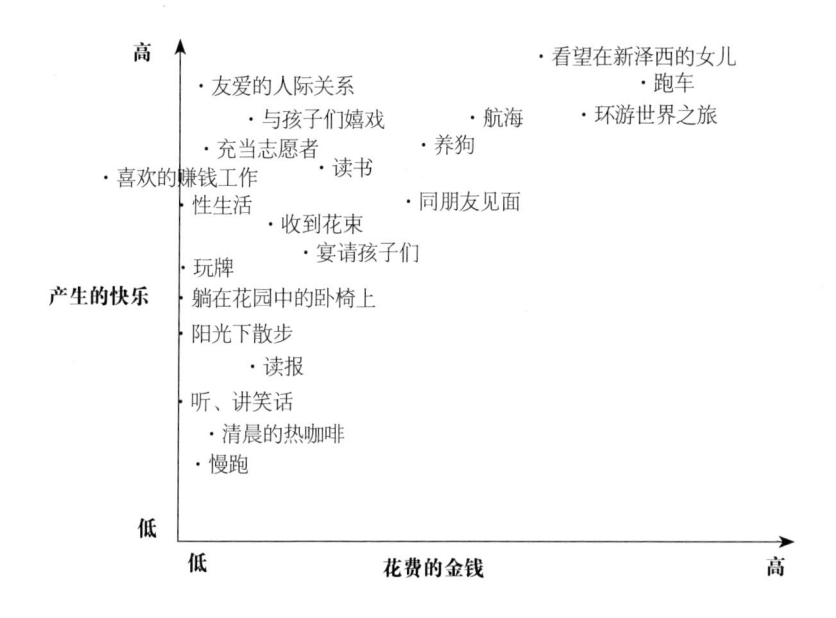

```
         高 ↑
            │                              ·看望在新泽西的女儿
            │    ·友爱的人际关系              ·跑车
            │         ·与孩子们嬉戏    ·航海   ·环游世界之旅
            │    ·充当志愿者     ·养狗
            │         ·读书
  ·喜欢的赚钱工作
            │    ·性生活     ·收到花束    ·同朋友见面
产生的快乐   │              ·宴请孩子们
            │    ·玩牌
            │    ·躺在花园中的卧椅上
            │    ·阳光下散步
            │         ·读报
            │    ·听、讲笑话
            │       ·清晨的热咖啡
            │    ·慢跑
         低 │_____→
             低         花费的金钱              高
```

图15　简的快乐图表

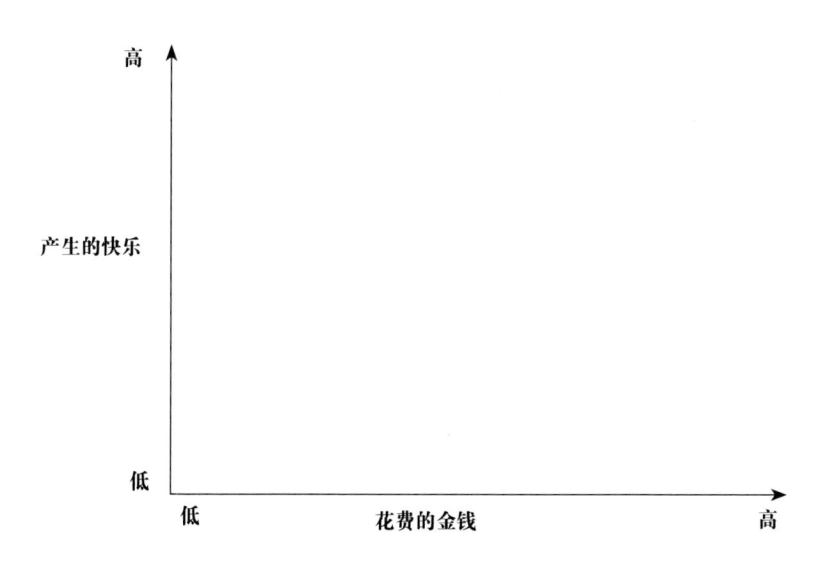

```
         高 ↑
            │
            │
            │
            │
            │
产生的快乐   │
            │
            │
            │
            │
            │
            │
         低 │_____→
             低         花费的金钱              高
```

图16　你的快乐图表

~ 137 ~

遵从80/20法则，实现简单、快乐的生活

● 第一步：集中精力于你的80/20法则

1. 在你的想象中，简单而快乐的完美生活是什么样的？

2. 怎样简化你的生活？怎样才能让你的完美生活与众不同？

● 第二步：发掘80/20路径

寻找简单、快乐、事半功倍，是一项挑战。为了面对挑战，你必须抛开生活中让你感到压力的事情，摆脱不必要的负担，并设法减少你花在这些压力、负担上面的时间与精力。放弃过多的选择，远离贪心的困扰。即便对待你真正的目标或者目的地也是如此——不要不在意，也不要过于追求。

>>> 8 简单而快乐的生活

远离"蛇窟":

1. 你的"蛇窟"在哪里?

2. 为了远离"蛇窟",为了躲避引诱,你打算怎样做?

生活中的很多事情都耗时费神,却几乎一无是处。对待这种无关紧要之事,干脆像倒垃圾一样把它们统统丢弃。

与80/20法则相类似,还有50/5法则——我们努力的50%,通常只能带来非常贫瘠(5%)的快乐与成果。

生活中的各种活动　　　　　　　快乐与结果

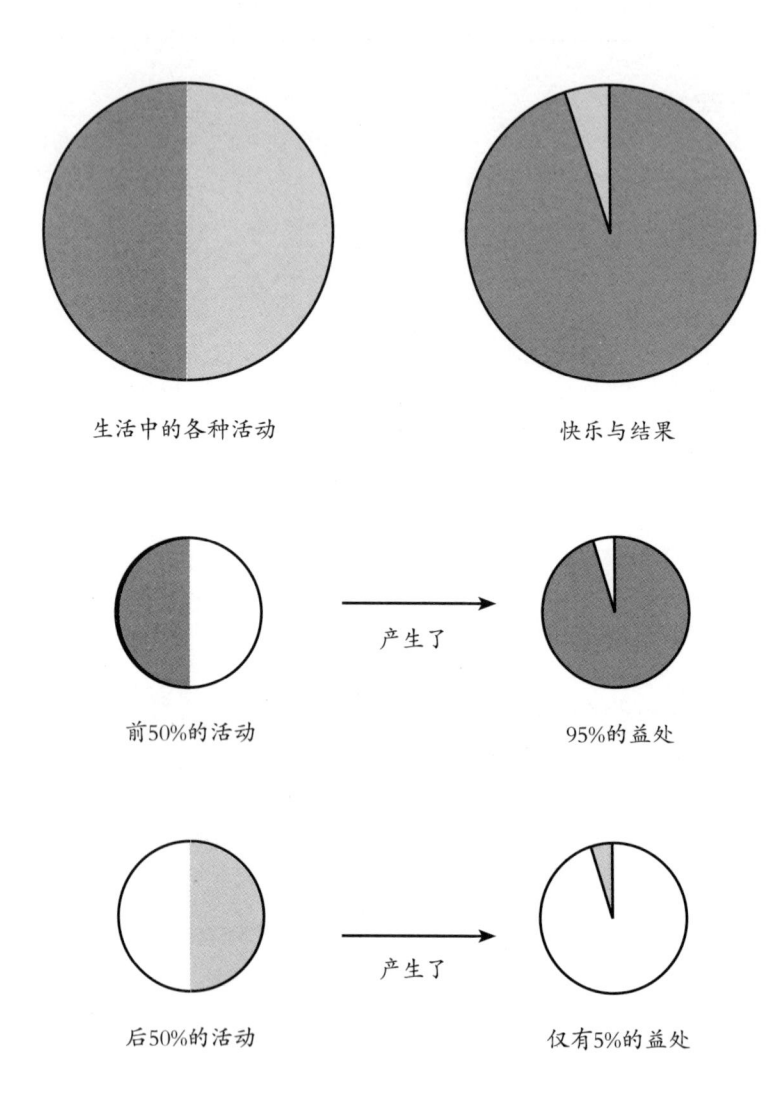

前50%的活动　　产生了　　95%的益处

后50%的活动　　产生了　　仅有5%的益处

图17　50/5法则

1. 哪些琐事让你生活烦扰，却不能给你带来快乐与收获？

2. 你怎样摆脱这些琐事？

3. 哪些简单、低廉的乐趣可以代替奢侈的享受？

4. 你打算怎样实现这个计划？

5. 你能想象一种生活，大部分的日子都充满了你喜爱的简单的乐趣吗？

6. 你如何才能实现这种理想的生活呢？

● 第三步：执行80/20行动

为了抵达你的80/20目的地，你需要找出3个最为立竿见影的简单行动。让这3个行动步骤载着你，带你朝着理想中的简单、幸福生活迈进。

80/20 行动第一步：
_____

80/20 行动第二步：
_____

80/20 行动第三步：
_____

你打算今天还是本周开始行动？
_____

当你把3个步骤全都完成之后，继续挑战接下来的3个步骤，直到你实现梦想中的甜蜜生活。那将是让你无限舒展、自由飞翔的广阔天地，让你远离尘世嚣扰，抵达无忧无虑的世外桃源。你将不再追求更多；你将坚信事半功倍，用四两拨千斤。你的事业、生活都将变得简单而又充满无限生机。那里，才是我们所爱，才是我们梦想的天堂！

第三部分
梦想成真
LIVING THE 80/20 WAY

9

积极行动的力量

如果动手实干，与认清宜做之事一样容易，那么私人祈祷处便如同教堂，穷人的小屋可比王子的宫殿了。

——英国剧作家 威廉·莎士比亚

朱莉与桑德拉酷似一对孪生姐妹。她们都有一个共同点，就是胆怯。她们俩有一个好朋友。一天，这位好友准备召开宴会，姐姐和妹妹都想参加。于是，两人决定克服胆怯这个缺点。她们来到了当地自选书店。

朱莉买了一本畅销书，这本书出自一位知名的行为学家，讲的是积极思考。从书中，她认识到自己必须抑制住胆怯的情感。只要她一感到害羞，就要马上叫停——这种害羞的念头，必须隐藏起来。她告诉自己：我已经不再害羞了，在我内向的另一面，外向的性格将会得到释放。

宴会当天的下午，朱莉还是不断犹豫："噢，这种宴会总是让我感到尴尬。我一定会难堪的，还是不要去了。"另一方面，她又想努力激发自己，尝试积极的思考。她对自己说："别说傻话了，我的孩子！你将成为宴会的焦点！你是最闪亮的明珠！你假装自己并不胆怯，就真的不会胆怯了。"

就在出门之前，为了平抚自己紧张的神经，激发外向的一面，她还喝了一大杯伏特加酒和软饮料。

接着，两个人打了一辆出租车。就在上车的时候，朱莉还感觉棒极了——积极的思考真的奏效了！但是，抵达宴会现场之后，伏特加产生的迷幻作用消失了——来参加宴会的人很多，而她恢复到了往常的那种紧张状态。她想要积极一些，但是，15分钟过去了，她还是没跟一个人搭过腔，甚至对桑德拉也一句话没说。而桑德拉呢？正在和一个帅哥聊天，而且聊得还很投机。朱莉的感觉又像以前那样糟糕起来，她又不能打断别人，于是，半个小时之后，她离开了宴会。她得到的唯一结论就是：以后再也不参加任何宴会了！也许，在工作中能遇见自己心爱的人吧。

第二天，朱莉在吃早饭的时候，问桑德拉，昨晚的宴会进展得怎么样。

"棒极了！"桑德拉不假思索地脱口而出。然后，她看到了朱莉沮丧的神情，可是话已出口了。

"那么，"朱莉问道，"你是怎样克服胆怯心理的呢？"

"事实上，我没有这么做。记得在出租车里吗？你那么兴奋，而我却跟往常一样忧心忡忡。但是我买的那本书里说，胆怯没有什么好担心的，只要采取一些积极的行动就可以了。于是，我告诉自己：'不论你感觉多么糟糕，桑德拉，你都要对第一个自己喜欢的男人做自我介绍。随便聊点儿什么，什么都行！只要到场，10分钟之内，你就必须做到这一点。如果第一个男人不怎么友好，没关系，试着和别人聊聊天。如果还是不行，你也不必胆怯了——最起码你已经尝试过了。'于是，看到那个穿着蓝衬衫的小伙子，我就走了上去，邀请他跳舞。我当时怯生生地盯着他，后来觉得他对我笑了。不管怎么样，他同意了，还跟朋友们介绍我。跳了两支舞，我就不再对任何人胆怯了。"

"你那本书叫什么名字？"

"噢，我把它扔在楼上了。只记得书的名字很有趣，里面还夹着几个数字。"

对于一小部分天生的"乐天派"来讲，积极思考这一办法也许会奏效——但事实上这些人根本就不需要这种帮助。积极思考也好，还是自助式的建议指导也好，问题的症结都在于做法可能脱离现实，反而还会导致我们逃避情感。自欺欺人、颠倒黑白的方法迟早会失效的。

要想很快改变一个人的情感，那是不可能的，而且也完全没有这个必要。在每个人的身上，都必然蕴含着一些"消极"情感：情绪低落、焦虑、气愤或者软弱。这些情感非常宝贵，因为正是这些情感我们才能辨别自己的价值。

接受这些情感，正视这些情感，而不应束缚它们。我们应该尝试与它们"对话"，用理性的力量认真思考找到这些情感产生的原因——就像对那些与我们存在意见分歧的人，与其打断他们，还不如跟他们"喝杯咖啡"，让他们说出自己的看法。

> 接受你的情感，然后想办法采取积极行动。

朱莉想要战胜胆怯的心理，但是在聚会上，这种心理再次闪现，令她情绪低落。桑德拉没能打败胆怯心理，因此当她感到害羞时，并未觉出多么沮丧。她接受了自己非常拘谨的现实，也很有可能离开聚会，一个人孤零零回家，但是她决定采取几项行动，实现想要的结果。行动之前，她很拘谨，而且她自己也意识到了这一点，但是她强迫自己行动——没多久，行动改变了一切，包括自己的

~ 147 ~

感觉。

在纳粹集中营里,有一位叫维克陀·弗兰克尔的作家,他也是一名临床医学家。弗兰克尔非常清楚,自己生还的希望微乎其微。他甚至计算出了生还的几率,是1/28。在奥斯维辛集中营,积极的思考没有任何意义——不切实际的想法只会把你带到煤气炉前。

然而,弗兰克尔却采取了积极的行动。"我被抓进奥斯维辛集中营时,"他写道,"他们把我一份马上就要出版的手稿没收了。后来,我转到了巴伐利亚集中营,因为感染了斑疹伤寒,我的高烧长久不退。可是那份手稿一直牵着我的心。我设法找到一些纸屑,在上面记了不少笔记——等到自由的那一天,我要靠着这些笔记,重新书写失去的手稿。我很清楚,在巴伐利亚集中营,在那黑暗、简陋的木棚里,正是这个信念支撑着我,让死神与我擦肩而过。"

弗兰克尔还有一个设想,就是在战争结束之后,要四处奔走宣讲。

他要向世人发出警醒和呐喊——集中营这种惨绝人寰的悲剧,再也不要让它上演了!于是,演讲的思路和内容开始在脑中酝酿。尽管生还的可能性很小,但是弗兰克尔没有因此而焦虑烦恼,而是尽量采取积极的行动。他重新撰写的那本书——《追求生命意义》,销量超过了900万。美国国会图书馆还将这本书评选为20世纪最具影响力的10本图书之一!

弗兰克尔没有逃避自己的情感。他的那本书描写的就是集中营里极度恶劣、凄惨而又真实的生活。就是在那种恐怖阴暗的环境下,他还是不断地问自己:"我究竟能做点儿什么?到底存在什么理由,能让我坚持着活下去?"尽管绝大部分时候,他仍然感到消沉、饥饿,身陷肉体折磨的困扰,但他还是付出了积极的行动——他所做的,不是积极思考,而是积极行动。

他注意到,其他人也在设法积极行动:"集中营的生活经历告诉我们,一个人总是可以做点什么……曾经在集中营生活过的人们都不会忘记,那个穿梭于木棚之中安慰他人的人——他把自己的最后

9 积极行动的力量

一片面包也让给了别人。"

> 连身陷集中营的囚犯都能够采取积极的行动，难道我们就不能吗？

下一次你再感到沮丧的时候，不妨问问自己，有哪些积极的行动可以让你改变心境。如果感觉有些困难，不妨考虑一下下面的做法。一个也好，全部也好，试一试：

☐ 全身放松，站到镜子前面，跟镜子中的自己笑笑。接下来，再跟别人笑笑——哪怕是个陌生人。

☐ 散散步，或者锻炼一下。

☐ 做一件善事。

> 不论环境多么恶劣，心情多么糟糕，只需几个80/20行动，你的生活就会发生巨大改变——为了让我们自己和身边的人更加快乐，几个简简单单的行动还是值得的。

记得本章开篇所引用的莎翁的那段话吧？他说得很对：动手实干与认清哪些事情应该做相比，要困难得多。有多少次，我们都想做一点积极的事情，但迈出那关键一步却如此的困难！最终，我们还是继续着一成不变的生活！为了改变这种状态，事情必须有所简化——我们要迈出关键的一步，但是不要超常的努力。这就是80/20法则的独到之处。而80/20法则之所以如此有效，在于以下两个原因：

第一，80/20法则的确要求我们改变自己的情感。但是，这种改变并不是自欺欺人，而是一种水到渠成的情感转变。你不会感到任何束缚，任何压力，因为你的行动，已经带来了渴望已久的成果。

~ 149 ~

第二，这种转变，无须付出更多精力——平常的付出已经足够。集中精力于少数真正重要的事情上，反而能让你节约出剩余的精力。生活方式改变了，忧虑也将变得越来越少。如果你能精挑细选，将自己的精力真正倾注于彰显个性的核心问题上，你还可以懒惰一点儿，让行动更加简明、有效。事半功倍，能让你在节约精力的同时，运用更加合适的办法解决问题。

> 80/20行动的秘密，就是简单而积极的行动。不妨对你的精力吝啬一些，因为每个人的精力都是有限的。只有把精力集中到简单积极的行动上来，你才能更加快乐、更加强大！

改变一个人做事的方法，要比改变这个人思考、感觉的习惯容易得多。尝试几条正确的做法，你的感觉、习惯就会自然而然发生变化。

你要做的事情很简单，自省，然后行动：

☐ 找出你之所需——对你来讲真正重要的少数事情。这就是你的80/20目的地。

☐ 发掘最为简单的路径——经受最小的压力和约束，带领你抵达80/20目的地的少数行动。这就是你的80/20路径。

☐ 沿着上面的路径，将那几项少数行动付诸实践。这就是80/20行动。

截至目前，本书所讨论的内容还局限在脑中。现在，让我们切身感受一下以少求多、事半功倍！让脑中所想真正地实现！

我们可以利用80/20法则指导80/20行动。实践的秘诀在于一个简单而有效的行动项目。别着急，我这就告诉你，就在本书的最后一章。

10

你的80/20快乐计划

尽管去做（Just Do It）。

——耐克公司广告语

这是一个真实的故事。一群年轻的匈牙利士兵，在一次山地训练中迷失在阿尔卑斯山上。当时环境极为恶劣，他们不仅没有食物和供给，而且还与队伍失去了联系。大雪和冰雹整整下了两天两夜，士兵全都冻僵了，身体特别虚弱。谁也不知道怎样返回基地。甚至，他们连想要生存的念头都没有了。

这时，奇迹发生了！一个士兵在夹克内衬找烟时，突然发现了一张旧地图。这些士兵们一下子找到了信心。他们凭借着这张地图，成功地穿过山区，抵达安全的营地。

在营地，他们的身体暖了过来，肚子也填饱了。这时，他们才发觉原来那张地图绘制的是比利牛斯山，离阿尔卑斯山有2000英里远。

这个故事，告诉我们两条宝贵的道理：

☐ 采取积极的行动，总比明明知晓正确答案却懒于行动强。

☐ 面对环境，每个人或者找到自己的答案，或者采纳别人的意见。士兵们之所以能够成功抵达营地，是因为他们自己认识到了地图的意义，并把地图与身处的环境联系起来。

> 现在，是该你行动的时候了！吸收80/20法则的精华，结合你的个性、愿望、爱好和需求，开始着手改变你的生活吧！让生活更加美好，无忧无虑、轻轻松松。

但这需要行动：

☐ 每周挑出固定的一段时间，或固定的一天，利用一个小时专心投入到80/20快乐计划——比如每周日的下午4点。哪个时间段都可以，但是一定要持之以恒。

☐ 最好，你能找到一个志同道合的朋友——本书的另一名读者，与你共同改变生活。仔细记录你生活变化的过程，对比每周的快乐计划表格。

☐ 完成你的80/20快乐计划。这一点儿也不难，因为在第二部分，你已经想好了80/20快乐计划，并记录了下来。表3为你提供了一个例子，而表4则等着你来填写。

80/20快乐计划的提示

☐ 回头参看你在本书4—8章所做的笔记。

☐ 明确你的80/20目的地。当你成功抵达一个目的地之后，继续开始你的下一站。

表3　　　　　　　　　卡罗琳的快乐计划

章数	4	5	6	7	8
领域	自己	工作与成功	金钱	人际关系	简单快乐生活
80/20 目的地	成为照顾流浪狗的专家	找一份真正喜欢的工作	2007年前存够购房款	寻找一位可靠、乐观、充满爱心并且喜欢小狗的爱人	理想生活是和动物还有动物爱好者一直待在一起
80/20 路径	寻找三位专家级的老手	学习兽医知识	将收入的10%自动储蓄投资，利用晚间与周末打工	在动物收容所和兽医学院寻找机会	说服父母允许自己完成学业并进入兽医大学
80/20 行动	1. 识别最佳专家 2. 想想我能怎样帮助他们 3. 与他们接触	1. 通过生物学考试 2. 拜访几所兽医大学 3. 选一所接收我的大学	1. 开立储蓄账户，将收入的10%自动存入 2. 找份假期工作	1. 到收容所当志愿者 2. 更好地了解身边的男人	1. 在生物学中名列前茅 2. 请汤姆叔叔出马，说服父母
顺序	5	2	1	4	3
行动开始日期	最后	今年	本周或本月	明年	今年

表4　　　　　　　　　　　你的快乐计划

章数	4	5	6	7	8
领域	自己	工作与成功	金钱	人际关系	简单快乐生活
80/20目的地					
80/20路径					
80/20行动					
顺序					
行动开始日期					

☐ 发掘你的80/20路径。这一路径将让你享受无穷乐趣，并载着你抵达目的地。你将实现事半功倍——与其他路径相比，你的80/20路径虽然简单，但是收益更多。坚信一条：你一定可以沿着这一路径成功抵达目的地。如果你为此而感到吃力，不妨选择更加简单的路径。

☐ 按照先后顺序，写下一条、两条或者三条80/20快乐行动。

☐ 从下面5个领域之一开始着手行动：自身、工作与成功、金钱、人际关系、简单而快乐的生活。这一刻，你脑中闪动的是哪个领域呢？是最迫切改进的领域，还是最简单易行的领域？就从这个领域开始行动吧！为这5个领域设定一个先后顺序——第一个领域成功地改进之后，你也可以把顺序重新调整。

☐ 行动开始的那一天，应该是一个特别的日子，或者特别的星期、月份、年。把日期（比如2005年1月）记下来。

☐ 过渡到下一个行动之前，你必须把前一个行动完成。

☐ 如果哪条80/20路径或者行动是无效的，那你就要另择它途。但是，在你改变主意之前，一定要尽心尽力地坚持原来的路径或者行动。

你不是每个星期都留出了一个小时，给你的80/20快乐计划吗？利用这一个小时，记录下你一周的进展——你可以使用80/20快乐计划进程表。卡罗琳的快乐计划进程表（表5）可以作为你的例子，而表6—表17则是你的快乐进程表——整整12个月。

卡罗琳首先进攻的是金钱领域。表5的左侧直接来源于表3的金钱那一列，而右侧则为周期刻度。

卡罗琳在表中写入了她的第一个80/20行动。第一周，她完成了计划。接下来，她又写入第二个80/20计划，注明她每一周的进展和动态。到了第四周，她找到了一份圣诞节期间的工作。在金钱领域获得大幅改进之后，她开始朝着下一个领域——工作与成功——前进了。

80/20快乐计划进程表提示

☐ 在"领域"一栏，填进你已经选择并准备首先攻克的领域。

☐ 在进程表的左侧，填进表4里写的那些内容。在右侧，填进本月各个周末日期，然后写下第一个80/20行动。在每一周结束的时候，在右侧记录下你的进展情况。

☐ 完成第一个80/20行动之后，写下第二个80/20行动，以此类推。

☐ 如果月内的80/20行动全部完成，那么庆祝一下——月内的剩下时间用来休息。下个月，转向第二个领域。

每天的道路都是从工作出发，又通向工作。当你在这条路上行走的时候，别忘了提醒自己那些80/20行动。把这写在日记里，或者写在索引卡上，放到钱包里。最好通过简单清楚的方式，时时刻刻提醒自己那些80/20行动。

> 看到自己在采取80/20行动，将有助于目标的实现。

别给自己的80/20行动定什么最后期限。期限要求或者会令事情更为容易，或者，更经常的是令事情更为困难。一旦踏上前进的道路，就持续前进，直到完成80/20行动。

某些80/20行动会花费一天的时间，某些可能会花费几个月甚至几年的时间。如果觉得行动道路不那么通畅，那么就选择另外一种行动，另外一条道路，然后重新开始。自己做自己的进程判官吧——你是真正的受益人！

表5　　　　　　　　卡罗琳的快乐计划进程表

月份：		年份：		80/20方法	
周末日期	80/20行动		进展情况	领域	金钱
11月8日	1. 开立储蓄账户等		完成	80/20目的地	2007年前存够购房款
11月15日	2. 找份假期工作		完成选定7家公司	80/20路径	将收入的10%自动储蓄投资，利用晚间与周末打工
11月22日	同上		申请了5家公司	80/20行动1	开立储蓄账户，将收入的10%自动存入
11月29日	同上		得到了一份圣诞节工作——完成	80/20行动2	找份假期工作
				80/20行动3	

~157~

表6　　　　　　　　　你的快乐计划进程表

月份：		年份：	80/20方法	
周末日期	80/20行动	进展情况	领域	
			80/20目的地	
			80/20路径	
			80/20行动1	
			80/20行动2	
			80/20行动3	

10 你的80/20快乐计划

表7　　　　　　　　　　你的快乐计划进程表

月份：	年份：		
周末日期	80/20行动	进展情况	

80/20方法	
领域	
80/20目的地	
80/20路径	
80/20行动1	
80/20行动2	
80/20行动3	

表8　　　　　　　　　　　你的快乐计划进程表

月份：		年份：	80/20方法	
周末日期	80/20行动	进展情况	领域	
			80/20目的地	
			80/20路径	
			80/20行动1	
			80/20行动2	
			80/20行动3	

10 你的80/20快乐计划

表9 　　　　　　　你的快乐计划进程表

月份：	年份：			80/20方法	
周末日期	80/20行动	进展情况		领域	
				80/20目的地	
				80/20路径	
				80/20行动1	
				80/20行动2	
				80/20行动3	

~ 161 ~

表10　　　　　　　　　　你的快乐计划进程表

月份：		年份：		80/20方法	
周末日期	80/20行动		进展情况	领域	
				80/20目的地	
				80/20路径	
				80/20行动1	
				80/20行动2	
				80/20行动3	

表11　　　　　　　　你的快乐计划进程表

月份：		年份：		80/20方法	
周末日期	80/20行动		进展情况	领域	
				80/20 目的地	
				80/20路径	
				80/20行动1	
				80/20行动2	
				80/20行动3	

表12　　　　　　　　　　你的快乐计划进程表

月份：		年份：		80/20方法	
周末日期	80/20行动	进展情况		领域	
				80/20目的地	
				80/20路径	
				80/20行动1	
				80/20行动2	
				80/20行动3	

表13　　　　　　　　　你的快乐计划进程表

月份：	年份：		80/20方法	
周末日期	80/20行动	进展情况	领域	
			80/20目的地	
			80/20路径	
			80/20行动1	
			80/20行动2	
			80/20行动3	

表14　　　　　　　　　你的快乐计划进程表

月份：		年份：		80/20方法	
周末日期	80/20行动		进展情况	领域	
				80/20目的地	
				80/20路径	
				80/20行动 1	
				80/20行动 2	
				80/20行动 3	

~ 166 ~

表15　　　　　　　　　你的快乐计划进程表

月份：　　　　年份：		80/20方法	
周末日期	80/20行动	进展情况	领域	
			80/20 目的地	
			80/20路径	
			80/20行动 1	
			80/20行动 2	
			80/20行动 3	

表16　　　　　　　　　　你的快乐计划进程表

月份：		年份：		80/20方法	
周末日期	80/20行动		进展情况	领域	
				80/20目的地	
				80/20路径	
				80/20行动1	
				80/20行动2	
				80/20行动3	

表17　　　　　　　　　你的快乐计划进程表

月份：　　　　年份：			80/20方法	
周末日期	80/20行动	进展情况	领域	
			80/20 目的地	
			80/20路径	
			80/20行动 1	
			80/20行动 2	
			80/20行动 3	

道 别

在刘易斯·卡洛尔的著名童话故事《爱丽丝镜中世界奇遇记》中,红皇后(译者注:国际象棋中的棋子)拽住爱丽丝,扯着她拼命往前跑:

> 红皇后拉着爱丽丝的手——她的速度太快了,爱丽丝使尽全身力气,才跟得上她。就这样,红皇后还在不停地喊着:"快一点!快一点!"但爱丽丝已经跑出最快的速度了。她上气不接下气,想慢一点儿,可是连话也说不出来。
>
> 最为神奇的事情发生了。无论她们速度有多快,周围的树啊、景物啊,却始终一动不动。她们的位置一点儿改变也没有……
>
> "马上!马上!"红皇后大喊道,"快一点!快一点!"她们两个跑得那么快,快得仿佛飞了起来,连双脚也离开了地面……突然间,就在爱丽丝耗尽了体力的一刹那,她们停了下来——爱丽丝跌坐在草坪上,有气无力,头也晕晕乎乎了。

>>> 道 别

周围的一切让爱丽丝感到无比惊奇:"这是为什么呀?这棵树怎么还在这儿!周围的东西怎么一动也不动呀?"

"当然一动也不动了,"红皇后说道,"那你觉得它们会怎样呢?"

"噢,在我的国家,"爱丽丝还有一点儿气喘吁吁。她说:"如果你跑得飞快——就像我们刚才那样,你就已经到达另外一个地方了。"

"你们国家的速度太慢了!"红皇后说道,"那么,现在你看到了吧。你最快的速度就像刚才那样了,可是你还停在老地方。如果你想到达别的地方,你的速度最起码得是刚才的两倍!"

刘易斯·卡洛尔一定想借助童话故事,来讽刺今日脚步匆忙的世界。我们不得不快一点,再快一点,以便追求更多。为了加快速度,我们耗尽了体力,但是结果呢?正如爱丽丝那样,我们还是停留在原处。现代生活方式就是如此!我们追求更快、更快,但是,我们却永远无法抵达快乐的港湾。就像驴儿在拉磨一样,一圈又一圈,直到汗流浃背,却永远只能停留在原地。

> 快车道的生活能带给我们什么?只能带来速度的错觉!就像游乐场的过山车——那样刺激,那样胆战心惊,可是过山车不能带领我们到达任何地方。

如果加速只能让我们停留于原地,那么,减速反而能够带领大家到达梦想的天堂。秘密就是:事半功倍。只有把精力集中于少数真正重要的事情上,抛开大量琐碎烦扰的小问题,你才能够最终抵达快乐老家。只有坚信以少求多,坚信事半功倍,你才能够实现个人的梦想。

无论是在商业、经济领域，还是在科学、技术领域，每一项成功的背后都有80/20法则的身影。成功，就意味着集中精力、抛开烦扰与创新！

80/20法则在个人生活领域同样有效。我们无须被迫接受当前的潮流——这种潮流在几十年前看起来，好像很奇怪和荒谬——以多求多。这种做法很愚蠢，既浪费人类的潜能，又侮辱人类的聪明才智。以多求多，会让社会进步的效率降低；以多求多，只是受到误导的雅皮士们的一场春梦。

为了寻找生命的意义，我们必须审视自身：确定我们真正在乎的东西，确定我们意欲爱护的东西，确定我们想要投身其中的东西，确定我们擅长并享受的东西。一旦确定下来，其他的任何事情就无关紧要了。以多求多总是会向我们叫嚷："快一些！再快一些！"事半功倍，实现幸福，就可以平安躲过寒流的侵袭。

> **不过，80/20法则仍然需要努力付出！**

在这本书中，我已经向大家推介了一条更为精明、更少烦忧的生活之路，一种收获成就和实现自我更为简单的方法。事半功倍、以少求多比以多求多要轻松得多。

不过，在某一方面，80/20法则更为艰难——难在迈出第一步。现代世界的所有假定都催促我们以多求多，都在向我们的脑中灌输多即是多的思想。正因如此，我们需要远离人群的自信和决心。

拒绝以多求多，接受事半功倍，让更少的劳动和投入实现更多的幸福和成果。不过，这同时也需要精神和勇气。我们必须抛弃现代单调而又乏味的工作，抛弃野心勃勃的人正在做的事；必须除掉以多求多、多即是多的想法；必须找到实现事半功倍的方向；甚至当朋友和同事认为我们头脑疯狂的时候，我们必须握紧手中的枪。

我敢打赌，你现在肯定认同了少即是多的观点，认同了以少求多、事半功倍的做法。但是只读这本书是没有用的，除非你开始改变行动。

阿尔伯特·爱因斯坦曾经说，任何一个问题，都应该尽可能地简化，而不应过分简化。同样，80/20法则会让每件事情都尽可能轻松起来，但绝不是过分轻松。归根结底，生活——那些能够实现最佳生活的行动，毕竟需要一些崭新的、不同的努力。否则，我们就变成了机器人，生活也就不值得勾画了。

然而，以爱和愿望的名义所做出的付出，却能够让你觉得心轻身快。可是生活中，又有多少事情是以爱和愿望的名义而付出的呢？太多的努力出于愧疚、焦虑与责任。对于责任，傅敖斯写道："是由舍本逐末的妄想组成。"责任，让你浪费生命能量。所有伟大的人类成就，没有一个是出自责任，靠的全是激情的驱使。

只有真正投入到少数自己喜爱的事情上，我们的生活才能变得色彩纷呈。如果你不能因此而兴奋起来，那么所有的事情都将失去意义。如果我们不能真正成为我们自己，那么生命只能是空洞而乏味的。如果我们能够彰显自己，让自己激动起来、投入进去，那么，奇迹将会出现。你会吃惊地发现：原来快乐与成功没有止境！

80/20法则为我们展示了另外一个世界。在那里，每个人都能发挥自己的独到之处；人人对自己负责、对他人关爱。茫茫天穹之下，每个人都能找到自己的位置。美妙的记忆将充满你的头脑，快乐的孩子们围绕着你。在这个世界里，艺术、科学、文学能够并驾齐驱，生活将如此的接近天堂！

明晓了上述道理之后，你也许会抱怨：原来生活中到处充满着琐碎之事！这些事情对我没有任何意义啊！其实，生活中的确有很多平凡之事——打扫房间、洗衣服、维持生计，等等。这些平凡之事是什么并不重要，重要的是为什么做这些事、怎样做这些事。任何让生命有意义的事情，都值得你去做。

> 但是你要切记：生命不允许你匆忙。你要清楚自己要什么，打算成为一个什么样的人。不可以做令自己、令他人讨厌的事情。

然而，80/20法则虽然简单易行，却仍然需要你付出一点努力——不是要你以20/20的视角看问题，而是要你以80/20的视角看问题。是的，你需要的就是一个不同的视角！是的，世人皆醉，你要清醒！是的，你要摆脱当代生活的繁重枷锁！是的，你要行动、行动！而且，你有能力做到。现在就决定吧！开始着手改变你的生活方式。这就是最为简单的方法。你要用四两来拨千斤。

也许你对本书的观点表示认同，但是却不愿意为此而付出行动。缺少行动，本书给你带来的乐趣就会慢慢消失。我衷心地希望你能够找到属于自己的20%，并通过行动改变自己的生活方式。让快乐围绕着你！让你把快乐带给身边的人，带给你爱的人。

> 为了能让这份快乐传递、繁衍，马上就开始行动吧！

致 谢

在《80/20法则》基础上,写一本更为简单易懂的自助书籍这种想法,分别来自劳伦斯·托尔兹和尼古拉斯·布瑞雷。史蒂夫·格索思盖也鼓励我,写一本每个人都能读懂的书。

在整个写作的每一步,劳伦斯·托尔兹都提供了他的批评建议和鼓励,对此我深表感谢。劳伦斯如此慷慨,与我分享了他的许多时间和想法,在这本书中,也蕴含着他的精辟见解。而他唯一的动机,就是帮助读者获得更加丰富、更加充实的生活,同时不为当下流行和具有破坏性的思潮——追逐"更多"的物质毒品——所羁绊。劳伦斯自己也是名作家,所以请大家寻阅他的优秀书籍。

在写作过程中,我还收到了汤姆·巴特勒·鲍登的许多宝贵的观点、反馈和批评。他在自己的《50本自助名著》中将《80/20法则》囊括了进去,这也鞭策我进行续篇的写作。

另外一位对我影响极大的就是乔纳森·宇德洛维茨。他是一名心理学家,也是一名商业指导。最初本书的写作是我们两人共同进行的,书中许多心理学方面的想法都来自于他的真知灼见。乔纳森是一位世界级的商业指导,在帮助CEO和所率团队共同工作、击败竞争对手方面非常擅长。

关于本书的草稿——噢，草稿数量太多了，你想象不出要写一本简短易读的书是多么困难——我的许多朋友仔细查阅了这些草稿，并从中挑选出所需的部分，在此，我向他们所有人表示感谢。特别要提到的是安迪·克斯塔因、玛丽·萨克斯·菲勒斯坦因、朱丽叶·詹森、珀涅罗珀·托尔兹、克莉丝·菲尔德、马太·格瑞穆斯得勒、安东尼·赖斯以及扎米·瑞午。同时特别感谢我的朋友及私人助理亚伦·考尔德，他以各种倾力所为的方式帮助这本书的写作。

我所遇到最为不留情面的批评家当属尼古拉斯·布瑞雷，正是在他的火力之下，才锻造出一本更为出色的书。我也要向安吉尔·塔尼斯特和维多利亚·布勒克献上一束鲜花，感谢他们为这本书的概念和营销所做的杰出工作。特别要感谢的是萨利·兰斯代尔所做的一流编辑、图表设计工作，以及她在Bedrock广博的交通知识。

最后要感谢的是我前几本书的广大读者，尤其是《80/20法则》的读者。他们与我分享了这些书带给人们的乐趣。一些先行者体验了其中的乐趣，并使更多新读者受益。如果对于本书有何见解，请发送电子邮件至richardjohnkoch@aol.com。

80/20系列丛书指南

《80/20法则》

- 介绍80/20法则蕴含的思想

- 主要面向商业读者

- 内容是我怎样利用80/20定律提高公司利润，并且提高个人效率

《80/20法则·个人版》

- 主要面向经理层和企业家读者

- 内容是作为个人，怎样在专业领域利用80/20定律创造更多的财富

《改变你人生的80/20》（也就是本书）

- 面向任何读者

- 内容是个人怎样利用80/20法则获得更多的快乐与成功